JN183520

乱獲

漁業資源の今とこれから

レイ・ヒルボーン、ウルライク・ヒルボーン 著
市野川桃子・岡村 寛 訳

Overfishing : What everyone needs to know
Ray Hilborn and Ulrike Hilborn

東海大学出版部

Overfishing: What everyone needs to know
By Ray Hilborn and Ulrike Hilborn

序文

2006 年 11 月 3 日，世界の漁業資源が崩壊の一途を辿っていることを報告する記事がニューヨーク・タイムズ誌の一面を飾った．「最新の科学研究が予言－漁業資源の世界的な崩壊－」という見出しはまるで黙示録を思わせるものだった．この記事は，「世界の魚が今後も今と同じように漁獲されていけば，多くの魚種が海洋の生態系から次々に姿を消していき，今世紀中頃の 2048 年には現在漁獲の対象となっている漁業資源が全地球規模で崩壊するような時代が訪れる」と予測した科学論文を引用したものだった．この論文はアメリカでもっとも権威のある科学雑誌であるサイエンス誌に掲載されたもので，もし，この報道がなければこのような運命をたどることもなかったであろう．しかし，その論文の一部がニューヨーク・タイムズ誌に大きく取り上げられたことで，この話題は世界中の主要な新聞の一面を飾るようになり，BBC の夕方のニュースとしても放送された．ここ 10 年，世界の漁業の終焉や海洋生態系の崩壊に関する話は世界中で流布されており，これもその多くのうちの一つにすぎなかったが，この話の持久力はとりわけ驚異的なものだった．

ところが 2009 年には，2006 年の論文と同じ著者を含む研究グループがサイエンス誌に別の論文を発表した．「世界の漁業の回復」と題されたその論文は，世界中の 167 の漁業資源において個体数や漁獲率（総資源量のなかで漁獲量が占める割合）の傾向を調べた結果，「現在の平均的な漁獲率は，（世界の 10 地域のうち）7 地域で（望ましいと考えられている）最大持続生産量を得るための漁獲率と等しいかそれよりも小さくなっている」ことを明らかにした．しかし当然ながら，この論文の内容が世界のトップ記事として報道されることはなかった．

このようなねじれ現象はまだ続いた．「世界の漁業の回復」が発表された 2 ヶ月後，「海の黙示録の今：魚の終焉」と題された記事がニューリパブリック誌に掲載された．著者はダニエル・ポーリー，ほぼまちがいなく世界でもっとも有名な漁業科学者である．一方，翌年の 2010 年にはこんなニュースがあった．多くの人が崩壊寸前だと思っていた北海とバルト海のタラ資源が回復し，海洋保護活動に熱心な NGO（非政府組織）である WWF が北海のタラを「食べても良い食品リスト」に復活させた，というものである．2011年になるとさらに良いニュースが出てきた．アメリカ政府の前主席漁業科学者である南フロリダ大学のスティーブ・ムラウスキーが，アメリカでは乱獲がなくなったことを宣言したのである．

これでは一般の人が混乱するのも当然だろう．

結局のところ何が真実なのだろうか？乱獲によって海洋生態系は滅びようとしているのか？それとも，漁業は持続的に管理されているのか？

その答えは，どこに目を向けるかによってまったく変わってくる．漁業の崩壊に関する恐ろしい逸話は何冊もの本が書けるほど多く，実際に多くの本が出版されている．『The End of the Line（邦題：飽食の海）』，『Sea of Slaughter（虐殺の海）』，『Ocean's End（海洋の終焉）』，『The Unnatural History of the Sea（海の残酷な歴史）』といったこれらの本のすべては乱獲と海洋資源の略奪を物語ったものである．

また，海洋生態系の破壊や略奪についての話とは別に，最近，漁業そのものが視聴者や読者の興味を引き始めている．リンダ・グリーンロウは，「Most Dangerous Catch（もっとも危険な獲物）」という番組名でのちにテレビシリーズ化された彼女の著書『The Hungry Ocean: A Sword-Boat Captain's Journey (邦題：わたしは女，わたしは船長)』によって一躍カリスマ的な有名人となった．それは，環境問題にとくに立ち入ることなく，漁業の日常とそれにまつわる危険を何百万という家庭の話題に上らせたのであった．

どんなことにでもあてはまることだが，悪魔は細部にこそ宿るものだ．乱獲は非常に複雑な問題で，起承転結のはっきりした物語として単純に語ることはできないのだ．

すべての魚が2048年までにいなくなると予測した2006年の論文のあと何がおこったのか見てみよう．漁業に関する私自身のそれまでの経験は，アメリカとカナダの西海岸・ニュージーランドで培われた．アラスカとニュージーランドは世界でもとりわけうまく漁業管理がなされている場所だったし，アラスカ以外のアメリカの州のうち西海岸では過剰漁獲が改善され，減少していた資源も回復しつつあった．少なくとも，これらの漁業は崩壊しないし，したがって2048年までにすべての魚がいなくなるなんてことはありえないことを私は知っていた．このようなことをコメントしたことで，私はアメリカのナショナル・パブリック・ラジオに招待された．2006年の論文の第一著者であるボリス・ワームと，この話題についてざっくばらんに話し合うためである．

ボリス・ワームはカナダのダルハウジー大学の若き教授である．彼はドイツで育ち，カナダとヨーロッパの海洋生態系の衰退を目にしてきた．これは私自身の経験とは大きく異なっていた．ラジオ放送のあと，世界の漁業の持続可能性について二人がなぜこんなにも違った見方をしているのかを探るため，ボリスと私は改めて議論を始めることにした．

すべての漁業資源が21世紀半ばまでに崩壊するとした予測は，過去の最大漁獲量の10%以下に漁獲量が減少したときに漁業が崩壊したとみなす，という仮定のもとに個々の漁業の漁獲量を調査した結果である．この仮定のもとで「崩壊した」とみなされる漁業資源の割合が将来も毎年同じ割合で増加し続けるとすると，たしかに2048年までに漁業資源の100%が崩壊するように見えるのである．

まず，ボリスと私は，漁業資源の量を示すのに漁獲量が必ずしも良い指標ではないことに合意した．そして，海洋漁業を研究している他の19人の科学者とともに，実際の資源量（海のなかにいる魚の量）の推定値をできるかぎり収集するという共同研究を開始した．

まず，魚の資源量は科学的に計画された調査から推定されることが多いため，一般に公開されている調査情報を集積するデータベースを作成した．また，世界の多くの漁業管理機関は，調査データを含むさまざまな情報を用いて資源量や漁獲量・漁獲率を計算している．このような解析は「資源評価」と呼ばれている．私たちは資源評価の結果についても集められるだけ集め，もう一つ別のデータベースを作った．2009年のサイエンス誌に載った論文を書いた時点で，このデータベースにはおよそ200の漁業資源が登録されていた．この作業は現在でも続けられており，2011年1月には300資源に達している．

私たちはこの研究を「海の保全と管理に向けた共通基盤の創成」プロジェクトと呼び，最終的には私たち全員がその共通基盤の上に立つことができた．私たちがデータを入手した資源の約3分の2は，国や国際機関が目標とするレベルよりも資源量が少なく，「崩壊している」と言っても差支えないほどまで減少した資源の数も年々増加していた．しかし同時に，研究の対象とした大部分の地域で漁獲圧（漁獲の強さ）は減少していること，そして大部分の漁業資源の漁獲圧は資源を崩壊させるほど高くなく，逆に，回復させるくらい小さいことがわかった．さらに，全体的な資源量は減少しているわけでなく，一定の水準に留まっていることも明らかになった．

私たち 21 人の著者の背景・出身地・元々もっていた考え方はさまざまだった．しかし，漁業資源の量を示す実際のデータをいったん目にしたあとでは，そのデータから得た発見を論文にするのにほとんど対立は起きなかった．アラスカやニュージーランドで乱獲が起こってないという私自身の経験からきた考えは正しかったことがたしかめられた．また，アラスカ以外の州のうち西海岸の漁業もたしかに回復していた．そしてボリスの経験もまた正しかったことがわかった．つまり，カナダの東海岸とヨーロッパの大部分では乱獲が大きな問題となっており，多くの資源で資源量が目標レベルを大きく下回っていた．データはこれらの事実を雄弁に物語っていた．そしてもっとも重要な発見は，乱獲や漁業の崩壊を引き起こす原動力である漁獲圧は徐々に減少しているという事実だった．

この論文で使われたデータはヨーロッパと北アメリカからのデータに偏っているという批判を受けた．その当時，私たちはアジア・アフリカ・南アメリカからのデータをほとんどもっておらず，データベースが拡大した今でもこれらの地域のデータは手に入りにくい状況にある．しかし，国連食糧農業機関（FAO）の研究によると，世界のどの地域よりも北大西洋における乱獲がもっとも深刻であるという．そして，私たちの研究でもそれと同じ事実が見出された．

また，北大西洋では乱獲を止めて漁獲を削減しようという動きが見られている．しかし，私たちのデータベースに載っていない地域で同様な動きがあるかはわかっていない．私たちが 2009 年の論文で語った希望に満ちたメッセージは，それらの地域には当てはまらないかもしれない．

つまり，前に述べたことの繰り返しになるが，乱獲の物語は単純でなく，どこでも同じになるわけではないのである．

深刻な乱獲が起こっている地域もあり，そうでもない地域もある．管理機関によって漁獲圧が削減され，それによって回復した資源もあれば，漁獲圧が高いままで放置され，乱獲が続いている資源もある．

私たちのデータベースから一部のデータだけを取り出して，乱獲と漁業の崩壊についての本を書くことはたやすい．一方で，別の部分を取り出せば，漁業管理の偉大な成功についての本を書くこともできるだろう．

私のこの本では，海から魚を漁獲することに関する科学的・政治的・倫理的な問題を解説し，それを通して，漁業管理のなかでの乱獲と持続的漁業の物語，つまり，失敗と成功の両方の物語をできるだけ公平な視点で語ろうと思う．

漁業を理解するということは，魚そのものを知るということではない．漁業には，海洋生態系・生態系からの収穫物・それを収穫する人々・地域社会と市場の社会経済的な構造・政府の漁業管理機関が関わり，そしてその間には網目のように複雑な構造がある．漁業を持続的に維持するには，生態系も地域社会も経済活動も，持続的に維持する必要があるのだ．

もし魚だけを問題だとするのなら，たんに漁業をやめてしまえばそれでよい．しかし，その結末は悲惨なものとなるだろう．世界には数えきれないほど，漁業を基盤とする地域共同体が存在する．それこそが漁業の存続する理由でもある．しかし漁業をやめれば，そこの生活手段と社会構造は崩壊することになる．そして世界中で夕食として供されていた動物性タンパク質の25％を何で補うかを真剣に考えなければならなくなるだろう．

食料に対する需要が人口増加とともに徐々に増加していくなか，持続的に得られるタンパク質の供給源として海の魚が重要であることを忘れてはいけない．海から漁業を閉め出すということは，その分だけ世界に食料不足をもたらすということなのだ．

海洋は，自然の生態系を通してたくさんの食料を与えてくれるかけがえのない存在である．持続的な管理がなされれば，大きな変化を伴うにしても，海洋生態系はその構造と機能を保つことができる．そう，魚の量は漁業がないときの半分以下に減り，大型の高齢魚の数はさらに減ることになるだろう．しかし，種そのものはその生態系で存続する．農業と比べてみよう．農業は，生来の生態系の木を切り倒し，土を掘り起こし，その場にいた種をすべて外来種に置き換えてしまうのである．

乱獲は回避すべきだ．そして，それには多くの理由がある．世界の食料安全保障のため，海鳥や海獣類のため，そして，それを生業としている世界中の何百万という人々のためである．

この本が海洋の持続的な利用のための一助となることを願って．

レイ・ヒルボーン

2011年3月　シアトル

日本語版にむけて

夜明け前の築地市場ですごす時間，それは私が東京を訪れる際に一番楽しみにしているときだ．世界中から集められた魚の豊穣さに圧倒され，すばらしい日本食として供される魚が競りにかけられていくのを目にするたびに新鮮な驚きに包まれる．

そのような魚の多様性と豊富さは無尽蔵の供給源とも思える海から恵まれているのだと実感させてくれる，築地はそういう場所だ．これほどの食料がいつか尽きてしまうことはあるのだろうか？実際のところ，この世の終わりといった体で，近い将来，いや，すぐにでも，私たちの無頓着な行動のせいですべての漁業資源は崩壊し，海が空っぽになってしまうというような記事や報道を目にすることがある．最後の魚が売られてしまって静寂に包まれた築地が，人間の愚かな食欲を象徴する遺跡となってしまうことにいつ東京の人たちは気づくのだろうか……？

このようなどぎつい見出しに直面しながら，より冷静な声に耳を傾けてみるというのは難しいことかもしれない．しかし，その声はこう語るだろう．「ちょっと待て．現状はそんなに悲惨なものではない．漁業管理には，実際に良いニュースだってあるんだ．」

この本は，世界の乱獲の広がりとその性質を概観し，理解しやすく，バランスのとれた科学的な情報を提供するものである．これは，魚食を主要な文化とし，また，魚を重要な食料源としている日本にとって，とくに大きな意味をもつものとなるであろう．

この本を通して皆に知ってほしいことは，乱獲が適切な資源管理によって解決しうる問題であるということだ．科学者と漁業管理者が協力し，資源管理の勧告を実現してくれる政治があれば，たいていの乱獲は消えてなくなる．私たちは，たくさんの魚がいるような明日，そしてもっと遠い未来を思い描くような楽観主義者であっていいのだ．

しかし，日本国内の漁業管理システムについては日本国外でほとんど知られていないということを言っておかねばならない．この本もそれを反映しており，日本の資源管理に関する記述はほとんどない．たぶん日本の漁業でもっともよく知られているのは，地元の魚を漁獲する沿岸漁業における漁業共同組合のシステムだろう．日本の漁業共同組合については，英語で書かれた国際的な雑誌でも論文として多数とりあげられ，漁業共同体と政府の共同管理の一つのモデルとして捉えられるようになっている．

沿岸漁業における管理に加えて，多くの国際漁業管理機関，とくに，マグロ漁業に関する漁業管理機関で日本は主要な役割を果たしている．また，言うまでもなく，日本は高値で取引されるクロマグロの一番の市場でもあり，日本の漁業は世界のマグロ漁業のなかで大きな位置を占めている．第8章では，公海での漁業管理における国際協力の必要性を強調しつつ，公海における漁業と日本の市場の重要性を議論している．そこでは，国際協力の推進と維持において，日本が非常に重要なプレイヤーとなっている．

乱獲と日本について議論するとき，何をおいても捕鯨の問題を避けて通るわけにはいかない．これは非常に感情的な問題であり，科学的な研究の領域のなかだけで議論できることではない．ここで日本は，少数のクジラを毎年作為的に殺していることで国際的な悪役となっている．第2章では，世界のクジラ個体群の現状と，感情的な主張が科学に勝ることになってしまっている調査捕鯨をめぐる論争について取り扱っている．クジラを殺すことを忌まわしいと感じる人は多い．これは完全に個人的な信念の問題であり，科学的な問題ではない．持続的に捕獲し続けられる種もあることは疑う余地がなく，国際捕鯨委員会の科学委員会も持続的に捕鯨する方法があることを認めている．第2章は，この白熱した議論のなかで何が科学なのか，そして，この厄介な問題に対してどうやってバランスのとれた見方をすればいいか，ということを私なりに十分に明確にしたつもりである．

この小さな本が，日本の読者の漁業に関する諸問題についての理解をさらに深める一助となることを願う．

レイ・ヒルボーン

2015年4月

Preface to Japanese version

The best part of my visits to Tokyo has always been the hour before dawn at Tsukiji market where I marvel, again and again, at the truly staggering cornucopia of fish from all over the world that is gathered there for auction to become the mouthwatering glory of Japanese cuisine.

Tsujiki is justly famous for its variety and abundance of species that come from a seemingly inexhaustible ocean. Can so much food ever run out? There has certainly been much media coverage, often a veritable frenzy of doomsday articles that soon, maybe even sooner than that, all fish stocks will collapse due to our heedless emptying of the oceans. When will Tokyo wake up to a silent Tsukiji after the last fish has been sold, a monument to mankind's foolish greed?

When confronted with such screaming headlines, it is often difficult to hear the much more quiet voice of "wait, things are not so dire, there are actually good news when it comes to fisheries management."

This book provides an overview of the extent and nature of overfishing around the world and gives the reader scientific information that is balanced and understandable, information that is particularly important to Japan where fish are such a dominant part of culture and nutrition.

You will find that overfishing is a problem that can be solved by good fisheries management. Wherever scientists and managers work together and where there is the political will to implement recommendations, overfishing is largely disappearing. We can be optimistic that there will be plenty of fish to eat tomorrow and in the more distant future.

It must be said, though, that the Japanese domestic fisheries management system is poorly understood outside Japan and the book reflects this lack of knowledge. Perhaps best known in other countries is the system of fisheries cooperatives for the very close in-shore fisheries. These cooperatives have been the subject of many articles in English international journals and are increasingly looked to as a model for cooperation between fishing communities and governments.

In addition to managing its coastal fisheries, Japan is a major player in many regional fisheries management organizations, known as RFMOs, especially those for tuna. Japan is, of course, the primary market for the high-value species of bluefin tuna, and Japanese fishing fleets are a large player in the global tuna industry. Chapter 8 discusses high seas tuna fishing and the importance of the Japanese market with an emphasis on the need for international cooperation in high seas fisheries management where Japan has a pivotal role to play in developing and maintaining cooperation.

Any discussion of overfishing and Japan must touch on whaling, a truly emotional subject, not always given to scientific scrutiny. Here Japan has become the international villain for killing a decidedly small number of whales each year. Chapter 2 deals with the world's whale populations and the controversy that surrounds research whaling where emotion continues to trump science. There are many people who find the killing of whales abhorrent– this is a deeply held personal belief but not a scientific argument. There is no question that some whale species can be sustainably harvested, and the scientific committee of the International Whaling Commission has adopted rules for such a harvest. Chapter 2 is my sincere attempt to sufficiently clarify what in this heated discussion is science and what emotion to give a balanced perspective on this contentious subject.

I hope that this small book will lead Japanese readers to a deeper understanding of the wide range of issues associated with fishing.

Ray Hilborn
April 2015

目次

第4章 漁業管理の近代化 29

第5章 経済乱獲 39

第6章 気候と漁業 49

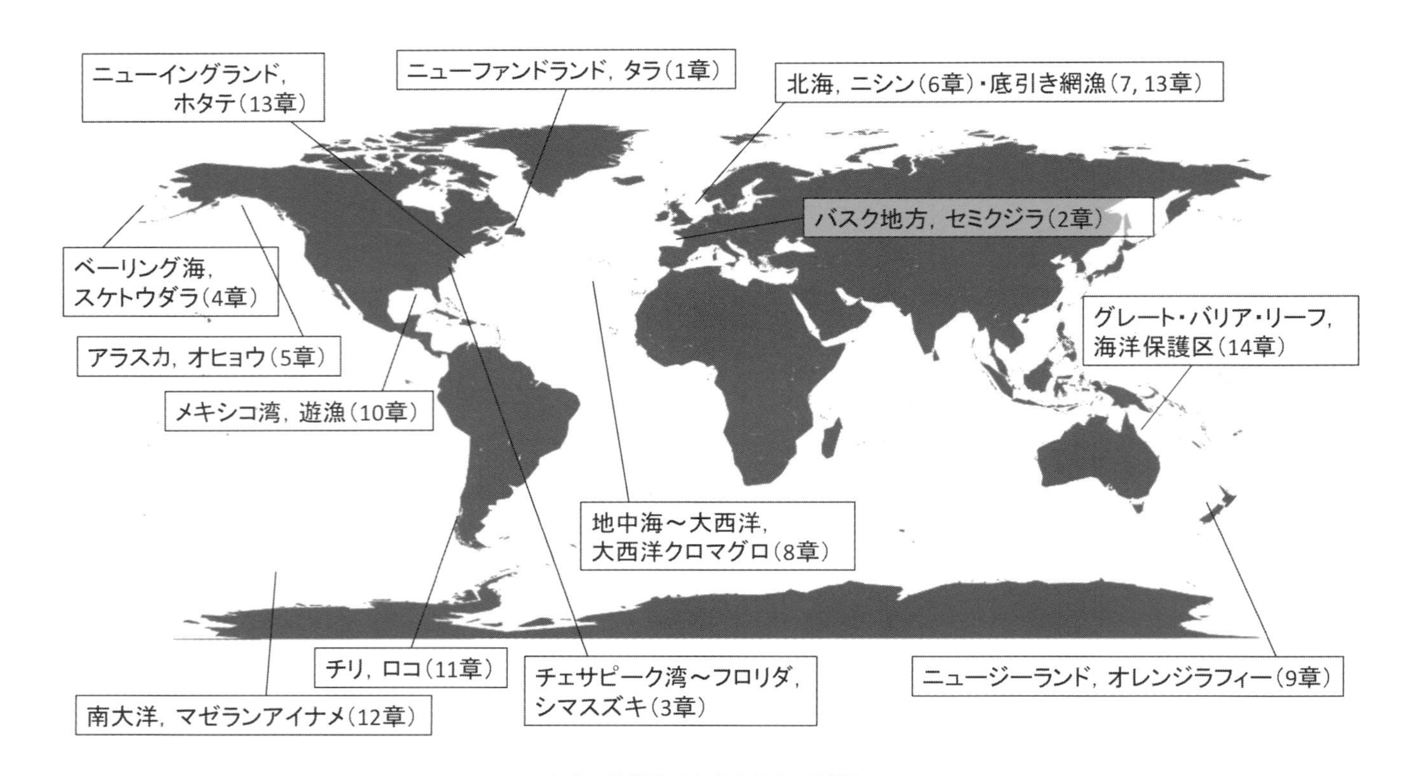

本書に登場するおもな地名，話題．

第 1 章
乱獲

乱獲とは何か？

「乱獲」とは，魚を獲りすぎてしまった結果，将来手に入ったかもしれない食料や富をみすみす失ってしまうことである．さまざまなタイプの乱獲があるなかでもっともよく見られるのは生産乱獲（yield overfishing：漁獲量に対する乱獲）である．生産乱獲とは，漁獲圧（漁獲の強さ）がもっと小さかったら将来ずっと得られていたはずの漁獲が得られなくなる状態のことを言う．通常，乱獲状態にあるときはそうでないときに比べて魚の数が少なくなる．しかし，それによって必ず絶滅するというわけではなく，少ないままで魚の数が安定することもあり，実際，多くの場合はそうなっている．とはいえ，極端な乱獲状態に陥ると，魚を減らす力が増やす力を常に上回るので，個体群は減少し続け，やがて，絶滅に到ることもある．

一方，漁獲圧がもっと小さかったら得られたかもしれない経済的な利益を過剰な漁獲圧のせいで失ってしまうことを経済乱獲（economic overfishing）と言う．たとえば，資源量に見合う以上に漁船がある場合，何が起こるか考えてみよう．新しい漁船がどんどん漁業に参入することによって，漁獲枠があっという間に消化されてしまう．そして，それによって漁期はどんどん短くなるだろう．これは多くの漁業の現状でもある．魚を獲るのに必要な分よりはるかに多くの資金が，漁船の修理や維持・燃料・保険に費やされてしまう．このような状況は，船の建造や燃料費の高騰のために政府が補助金を出したり，新しい漁業が始まるやいなや複数の大型漁船が建造されたりするようなことでとくに助長されている．

どんな形の漁獲も生物や生態系に影響を及ぼす．その意味で「最適な漁獲のレベル」といったものは存在しない．というのは，漁獲圧が大きくなるほど生態系のなかの魚の数は必ず減り続けるからである．したがって，程度にかかわらず，漁獲そのものが生態系への乱獲なのである．その影響を最小限に抑えようとするなら，漁獲そのものをやめてしまうほかない．漁業が生態系のなかの主要な捕食者だけを漁獲する場合，漁業がおこなわれている生態系の方が魚の総個体数は多くなるかもしれない（捕食者の餌となっていた魚の個体数が増加するので）．しかし，自然のままの生態系こそ最善と考える人々は，やはり，漁業そのものを生態系への乱獲とみなすだろう．

しかし，私たちにとって食を得るための漁業は欠かせない．では次に，漁獲と魚の量の関係を考えてみよう．

生態系のなかの魚の量・漁獲の強さ・持続的な漁獲量・漁業からの収益・生態系への影響の大きさはすべて関連しあっている．もし，漁業がまったくおこなわれないか，おこなわれてもごく小規模であれば，持続的に得られる漁獲量もそこから得られる利益もほんのわずかとなる．漁獲圧を少しずつ大きくしていくとまず利益が最大になり，次に，漁獲圧がもう少し大きいところで持続的な漁獲量が最大になる（図 1-1）．漁獲圧をさらに大きくしていくと，利益も持続的な漁獲量も減ってしまう．そのような状況になってしまったとき，資源は生物的または経済的な乱獲状態に陥ったとみなされる．通常は，漁獲量が若干少なくても利益を最大にしたいと望む人が多いだろう．

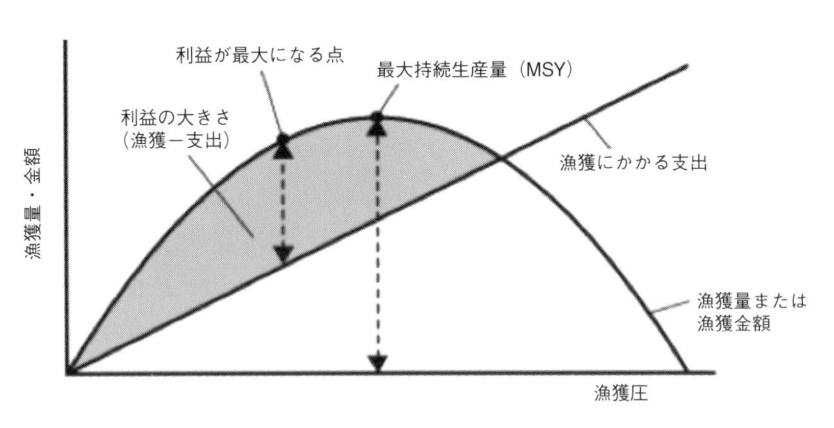

図1-1. 漁獲圧（漁獲の強さ）と持続的な漁獲量・利益との関係．漁獲圧が小さいときは漁獲圧の増加に応じて持続的な漁獲量も増える．しかし，漁獲圧が大きくなりすぎると，資源が減りすぎることで漁獲量も漁獲金額も減少に転じる．一方，漁獲にかかる支出は，漁獲圧が大きいほど単調に増加する．そのため，利益（漁獲金額－支出）を考えた場合，利益が最大になるときの漁獲圧は，漁獲量が最大になるときの漁獲圧よりも小さくなる．

持続生産とは何か？

「持続的な開発とは，次世代の人々が欲するもの・ことを損なわないで現在の必要性を満足させることである」．これは，1987 年のブルントランド委員会による「持続的な開発」の定義である．

「持続生産（sustainable harvest）」とは，個体群や生態系のなかから継続的に収穫物・漁獲物を得ながら，近い将来までその個体群や生態系を維持し続けることである．私たちは収穫物や漁獲物として個体群や生態系から一定の割合を収穫・漁獲している．そして，その割合が十分に小さければ，繁殖や成長といった自然のプロセスが人間によって取り除かれた分を平均的・長期的に補ってくれ，持続生産が可能となる．

しかし，持続生産を一定量の収穫物・漁獲物を毎年得ること，と考えてしまうことには問題がある．毎年一定の量だけ収穫・漁獲するというのはほとんど不可能なのである．というのは，自然の個体群は変動するもので，それに伴って収穫量・漁獲量も自然に多くなったり少なくなったりするからである．また，「持続的」の意味を極端にとらえ，石油資源は有限なのだから燃料として石油を使う漁業は持続的でない，と主張する人もいるが，この本ではそのような話は扱わない．

持続生産量が最大になるときの生産量は最大持続生産量（maximum sustainable yield：MSY）と呼ばれる．MSY がどのくらいかを知るためには，全体の資源のなかから一定の「割合」だけ収穫・漁獲し続けたときに将来得られる収穫量・漁獲量の平均の最大値を計算する必要がある．

「持続的」の意味を考えるときは，逆に「持続的でない」ことを考える方がその意味を理解しやすいかもしれない．まず，繁殖や成長によって置き換わる量以上の魚をずっと獲り続けることは持続的とは言えない．なぜなら，その場合個体群は減少し続け，絶滅してしまうからである．もし漁業が生態系を変えた結果，もともとの生産力が大きく減少するとしたら，そのような漁業も生物学的に考えて持続的とは言えない．一方で，補助金を常に受け取らないと利益が出ないような漁業は経済的な観点から持続的とは言えない．

持続的な漁業は可能か？

科学的には，毎年の漁獲率を十分小さくし，種や生態系の生産力を損なわない漁法で漁獲していけば，ほとんどすべての魚の個体群を持続的に漁獲できることが示されている．漁業資源の多くは何千年ものあいだ持続的に漁獲されてきた．社会的・文化的な要因で漁獲の割合が持続的なレベルに抑えられていたこと，魚を漁獲し尽してしまうほどの技術力を漁業者がもっていなかったことなどがそのおもな理由である．しかし，20 世紀，とくにその後半には多くの変化が起こった．技術の進歩によって漁船はより沖合まで出かけられるようになり，多くの魚種が漁業から逃れられなくなった．現代の通信技術や人口移動・価値観の変化によって，古くから続いてきた地域共同体型の資源管理は崩壊しつつある．

乱獲は今になって始まった問題なのか？

人類が初めて漁獲をおこなったときから乱獲問題は存在した．産業革命以前の技術でも自然資源は過剰に収奪されてきたし，実際，人類が未開の土地を発見したと同時に，捕獲されやすい種が狩猟によって絶滅したという話はいくらでもある．陸上の動物と比べて，魚についての過去の記録はあまり信頼できないが，それでも多くの脆弱な種が人類との最初の接触で犠牲になってきたと考えて間違いはないだろう．

19 世紀後半の科学界ではすでに乱獲の概念が広く議論されていた．英国の科学者ノーマン・ロックイヤー卿は，1877 年のネイチャー誌に掲載された論文のなかで乱獲という単語を次のように使っている．「河川での乱獲で食料が得られなくなったという事例をもち出して，海洋における乱獲の可能性の議論を進めようとすることは，この場合十分に意味があることとは思えない」．1900 年までに，個体群からあまりにも多くの割合を獲ることを乱獲だとする認識は広まっていた．その年，オックスフォード大学のウォルター・ガースタングはこう書いている．「したがって，私の見たかぎり以下のことは疑いようのない事実である．つまり，底魚漁業は資源を枯渇させる可能性があるだけでなく，実際に，猛スピードで資源を減少させ続けていること，そして，たとえ好適な季節であったとしても，漁獲率は海の魚が繁殖して成長する率をはるかに上回っていること，である」．

生物学的に乱獲を考えるときには海の魚が「繁殖して成長する率」に対して「漁獲される率」が相対的にどのくらい大きいか？という疑問が中心的な問題となる．

魚が繁殖し成長する能力は変わらない一方で，漁獲技術の進歩に伴って人間が魚を獲る能力は向上した．蒸気，そして，石油を動力とする漁船の登場はもっとも重要な技術革新だった．海底を引きずって魚を獲るために使われる底引き網は，帆船を漁船として使っていた時代にはまだ小さいものだった．しかし第二次世界大戦後，より強力なエンジンのついた漁船が登場すると，底引き網もどんどん大型化していった．漁網に関するもう一つの技術的な発展としては，誰でも安く手に入れることができるモノフィラメント製の刺し網の導入がある．これはとくに画期的な出来事だった．モノフィラメント製の刺し網はほとんど透明で見えないため，網に泳ぎこんできた魚は刺し網に刺さって身動きがとれなくなる．モノフィラメント製の刺し網はたった数ドルで手に入るため，あっという間に世界中に広まった．さらに，GPS（全地球測位システム）や魚群探知機のような電子機器によって，たとえ霧のなかでも，岩場や岩礁など根付きの魚が集まる最適な漁場に繰り返し訪れることができるようにもなった．

私たちは今，想像し得るかぎりのすべての海洋資源を乱獲し尽すだけの技術を手にしている．問題は，私たちが自分自身を抑制するような政治的な意思や社会的・文化的機構をもちあわせているかどうか，ということである．

なぜ持続的な漁業でも魚の数は減ってしまうのか？

1930年代，ロシアの生物学者ジョージ・ガウゼは，個体数の増加を制約する要因を調べるため，とても単純な室内実験をおこなった．実験には，分裂して増殖するごく小さな動物であるゾウリムシが用いられた．まず，ゾウリムシを十分な餌といっしょに試験管に入れ，ゾウリムシが増えた時間を見計らって個体数を数えた．最初は素早く分裂したが，増えてしまったゾウリムシが十分な餌を確保できなくなると，分裂の速度は次第に遅くなった．最終的に分裂は起こらなくなり，それ以上増えなくなった（図1-2）．その個体群は分裂する個体数と死亡する個体数が同数になる「環境収容量」と呼ばれる平衡状態に達したのである．（ゾウリムシは半分に分裂して，それがまた半分に分裂して，それがまた半分に分裂して，…，最後には死ぬ）．

野生の個体群もそう変わらない．セレンゲティ国立公園に生息するヌーは，かつて，牛疫ウィルス（人の天然痘に似た病気）によって大量死した．しかし，1950年代，ワクチン接種によって牛疫ウィルスの拡大は抑えられ，ヌーの個体群は再び増加した．25万頭から回復し，1980年代に150万頭で安定した．ガウゼのゾウリムシの例のように，1960年代から1970年代に個体数が増加して1頭あたりのヌーの食物が少なくなったとたん，出生率が減少した一方で死亡率が高くなり，最終的に出生率と死亡率がほぼ同じになったのである．

漁業が魚の死亡率を大きくすることには疑う余地がない．もし，他に何も変わらないのであれば，漁業によって個体群は絶滅してしまうだろう．しかし，魚の数が少なくなったとたん，海のなかで漁獲されずに残った魚はこれまでより多くの餌やその他の資源を得られるようになる．餌や敵から身を守るための生息場所など，かつて魚の成長を制約していた資源が利用できるようになるのである．それによって，捕食による死亡は減るだろうし，出生率も上がるかもしれない．その両方が起こることだってあり得る．ある範囲の持続的な漁獲率で漁獲するかぎり，出生率を増加させ，魚により長く生き残るチャンスを与えることができる．その漁獲率を大きく上回って漁獲することが「乱獲」にあたる．海のほとんどの魚では，漁業がないときの資源量に対して20～50％くらいまで資源量が減ったとき，最大持続生産量を得るこ

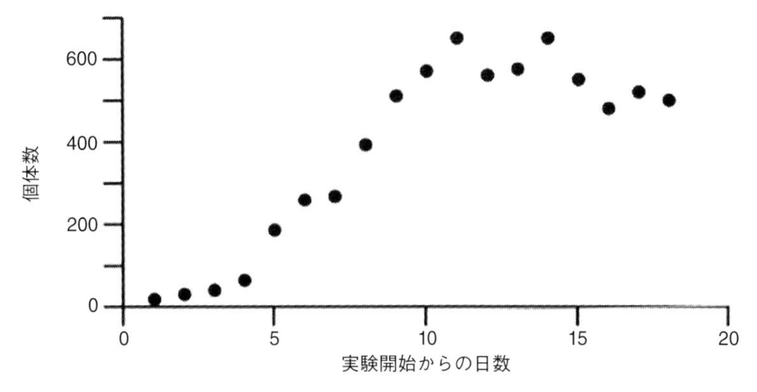

図1-2. ガウゼの実験データ（Sólymos. *The R Journal* 2:29-37）．

とができる.

私たちが魚を食べ続けるかぎり，海にいる魚の量が魚を食べない場合よりも少なくなってしまうのは当然なのである.

漁業資源の崩壊とは何か？

過去の資源量，あるいは，理論的な初期資源量（漁獲がないときの資源量）と比較して，資源量がきわめて少なくなったとき「崩壊」という表現がよく使われる．一般に，資源量が初期資源量の10%よりも少なくなったとき，その資源は「崩壊した」と言われる.

資源崩壊はさらに複雑なかたちでも起こる．資源量が非常に小さくなると同時に出生率と死亡率が変化してしまい，漁獲をやめたとしても個体群が再び回復できなくなるような場合である.

カナダのタラに何が起こったのか？

1992年7月2日，カナダの水産海洋大臣ジョン・クロスビーは，ニューファンドランド島のタラ漁業を全面的に禁漁にすると宣言した．尽きることがないと思われた自然の恵みによって支えられ，ニューファンドランド州・ラブラドール州の経済基盤として500年間続いた誰もが知っているこの漁業は，ここに終焉を迎えたのである．そのとき以来，ニューファンドランド島のタラ漁業の崩壊は世界の漁業が直面する危機を象徴する出来事として人々の記憶に刻まれた.

コロンブスがアメリカに到達する以前にも，ヨーロッパのバスク地方の漁業者はタラを漁獲するためにニューファンドランドの東沖にあるグランドバンクまで航海していた．ニューファンドランドへの移住の理由といえばタラであり，ニューファンドランドでは魚というとタラを意味した．500年間は何の問題もなく漁獲が続いた．しかし，その後のたった30年で，数百万tあった厖大な資源は数万tにまで減少したのである．ほんのつい最近，18年経って，ようやく回復の兆しが見え始めている.

タラ資源の崩壊は想像を絶するほど大きな社会的混乱をもたらした．2万人が突然職を失い，ニューファンドランドの経済は急落し，カナダの納税者はその損失を埋めるために毎年10億カナダドルを支払わなければならなかった．タラを基盤に形成されていた島の文化は大きく揺るがされた．

なぜカナダのタラ資源は崩壊したのか？

あまりにも多くを漁獲してしまったのだ．何百年もの間，毎年10～20万tを漁獲してもニューファンドランドのタラ個体群は問題なく維持されていた．繁殖と成長が，自然の死亡や捕食者・漁獲による死亡とだいたい釣り合っていたのである．全体のおよそ10％弱くらいが毎年漁獲され，その漁獲量は個体群を十分維持できるレベルだった．しかし，1960年代，外国の大型の工船（factory ship：加工場を備えた漁船）が漁獲率を30％以上にまで劇的に増加させた．報告によると，たった1年で漁獲量が80万tに達することもあったという．そうなるともはや繁殖と成長は漁獲に追いつかなくなり，個体群は減少した．

カナダが漁獲規制を導入した1977年までに，成熟した産卵魚の総資源量は1962年の150万tから数十万tにまで減少していた．資源量は，漁獲規制によって漁獲量が引き下げられた直後に増加したあと，1980年代半ばから後半にかけて一定になり，1960年代の4分の1くらいの量で安定するかにみえた．しかしその後，1980年代の後半から，若齢魚が突然減少し，個体の成長が遅くなり，早く死ぬようになった．1991年には目標とした漁獲量を獲りきることができなかった．目標漁獲量が全資源量よりも多かったのである．

最終的な資源崩壊の原因についてはさまざまな説明がある．多くの人は，これを単純な乱獲の結果としてとらえている．つまり，乱獲によって個体数があまりにも少なくなってしまったために，十分に産卵がなされず，そのために若齢魚が少なくなったということである．（タラの捕食者である）アシカやアザラシが多すぎたせいだと言う人もいる．その反面，過去の漁獲量が実際に報告された量よりもずっと多かった可能性を指摘する人もいる．価値のない小型の魚は船上から放り出されて（投棄），漁獲量として報告されなかったためである．しかし同時に，その時期の海水温は低下していた．それにより，食物網の基盤となる微小な動物プランクトンはタラの餌として不適なものが多勢を占めるようになり，このことが繁殖率と成長率の低下を招き，自然死亡率の増加につながったという説もある.

カナダのタラにとって1980年代後半から1990年代初頭にかけてはまさに不遇の時代だった.漁業管理の目的から,カナダ東部のタラ資源は「系群」と呼ばれる六つ程度のグループに分類されている.そのなかには1970年代から1980年代の前半にかけて資源量が豊富で増加していた系群もあった.しかし,これらの系群ですら,1980年代の後半には増加が止まり,再生産・成長よりも自然死亡が大きくなった.たとえ漁獲がなかったとしてもこれらの個体群は減少していただろう.今にして思うと,タラの繁殖率が自然に減少していくことは誰にも止めることができないことだった.ただし,もう少し早く漁獲量を削減することはできたはずである.もしそうしていれば,カナダのタラ個体群全体が現在のように極端に少なくなってしまうことは避けられたのかもしれない.

タラ資源はすべて崩壊してしまったのか?

1990年代,世界中のタラ個体群はほぼすべて乱獲され,資源量は非常に低いレベルにまで減少した.ほとんど,とまでは言わないが,多くの資源が初期資源量の10%より少なくなった.ヨーロッパではほとんどすべての資源がやはり同じくらい少なくなったが,生産性はまだ非常に高く保たれていて,30～50%の割合で漁獲しても長期的に減少し続けるようなことはなかった.これらの資源は漁獲圧を減らしたとたんに回復した.

つまりすべてがカナダの資源と同じというわけではなかったのだ.カナダの資源は,漁獲を非常に低く抑えたにもかかわらず,いまだ回復していないのだから.

アメリカにあるメイン湾とジョージズバンクの二つのタラ系群も乱獲によって個体数は少なくなったが,高い生産性は維持された.現在,資源量は回復目標よりも下にあるが,たしかに回復しつつある.

まったく崩壊しなかったタラ系群も二つある.まず,世界最大のタラ資源であるバレンツ海系群である.この系群は,ノルウェーの北部,ノルウェーとロシアの領海にまたがって分布している.2010年時点のバレンツ海系群の資源量は400万t以上と推定されており,どんな意味でも乱獲状態ではない.また,アイスランドのタラ系群の現在の資源量は目標とされる資源量より少ないものの，一度も崩壊したことがなく，現在，最大持続生産量を達成するだろう漁獲率で漁獲がおこなわれている．

第 2 章
乱獲の歴史

乱獲は今になって始まった問題なのか？

クジラは哺乳類だが，昔は魚と考えられており，そのため，捕鯨も「漁業」として位置づけられている．行政が王政にとってかわり，漁業が規制されるようになると捕鯨の管理は漁業に関する省庁の管轄となった．捕鯨はその過剰漁獲によって名を馳せ，捕鯨の歴史は，どのように乱獲が進むのか，そして，その結果として何が起こるのかを如実に教えてくれる．

ヨーロッパ人による商業捕鯨は千年の歴史を有し，さながら乱獲の博覧会の様相を呈している．バスク地方では 12 世紀から捕鯨が活発におこなわれるようになり，まず北大西洋のセミクジラ（図 2-1）が捕鯨の対象となった．セミクジラの英名 right whale の right は，セミクジラがゆっくり泳ぎ，殺されても沈まないため，捕鯨者（捕鯨を生業とする人たち）にとってうってつけ（right）のクジラであることに由来する．バスク地方で捕鯨が始まった当初は，沿岸に住む捕鯨者が座礁したクジラを捕るだけのものだった．しかし，ときを経てしだいに，岸から発見したクジラを小型の船で追いかけ，銛で突いて捕るようになった．これは『白鯨』（ハーマン・メルヴィルの小説）で語られているような 19 世紀の捕鯨そのものであった．帆船技術が改良され，ビスケー湾のクジラが枯渇すると，バスク地方のヨーロッパ最古の捕鯨者たちはより大きな船に乗り換え，より遠くへ，そして，より北へ向かうようになった．17 世紀までにはスピッツベルゲン周辺の高緯度

図2-1. セミクジラ．
（写真提供：Kara Mahoney/New England Aquarium）

北極域にまで達し，そこでセミクジラと，その近縁種であるホッキョククジラを捕獲した．北極での捕鯨が富をもたらすことが知れ渡るとすぐに，イギリス・オランダ・スペインからも捕鯨船が定期的に北極域に向かうようになった．

帆船と航海術の進歩によって長期の航海が可能になると，クジラの脂身を鯨油に加工する処理も，陸地でなく船上でおこなわれるようになった．これにより船が陸地に縛られずにすむようになり，17 世紀の中頃には外洋域で捕鯨ができるようになった．その時代，捕鯨は世界中のほとんどすべての沿岸地域を支える重要な経済基盤の一つとなった．アメリカのニューイングランドにおけるヤンキー捕鯨は，当初，まさに 12 世紀のバスク地方の捕鯨のようであった．岸からクジラを見つけると小型の船で追いかけ，加工するために岸まで運んでいった．日本では少なくとも 7 世紀頃から同様の捕鯨がおこなわれていた．

1690 年までには東大西洋のクジラ資源が枯渇し，グリーンランドの西やさらにその先まで捕鯨船が出向くようになった．1848 年にはベーリング海でホッキョククジラの個体群が新たに発見され，一時的なゴールドラッシュが起きたものの，急激な資源の減少によって長続きはしなかった．19 世紀の中頃までには，さまざまな国の捕鯨者が世界の海のほとんどを探索し尽くしてしまった．

19 世紀の後半には多くの重要な技術的変化がおこった．石油がランプの明かりを灯すようになり，それに伴って鯨油市場は縮小した．市場の縮小に伴い，鯨油市場の大部分を占めていたマッコウクジラ漁業は 19 世紀の終わりまでにほとんど完全に崩壊した．一方で，市場の縮小に抗うかのように，「爆発銛」の開発といった大きな技術革新も進められた．爆発銛は，高速の蒸気船に搭載された捕鯨砲から発射され，クジラの体に突き刺さり，抜けなくなる．それにより今までよりも大型のクジラを捕獲できるようになった．伝統的なやり方は，銛を刺したクジラをブイや小さなボートに取り付けて引っ張り，クジラが疲労困憊したところを槍で何度もついて殺す，というものだった．槍でついて殺す際，捕鯨者が事故で死ぬこともよくあった．とくに，ナガスクジラとザトウクジラは槍で殺すのが難しく，危険だった．爆発銛がこの伝統的なやり方にとってかわったことにより，ニューイングランドの沿岸捕鯨者はナガスクジラとザトウクジラも捕鯨できるようになった．ただし，死んだクジラが海に沈んでしまうことは防ぎようがなく，実際，多くのクジラが水中に失われていった．その後，爆発銛と蒸気船に加えて，ノルウェーでクジラの死骸に空気を入れて浮かす技術が開発され，現代的な大規模捕鯨のやり方が確立した．これらの技術によって，南極海の主要なクジラ資源であるシロナガスクジラ・ナガスクジラ・イワシクジラ・ザトウクジラを捕獲できるようになった．20 世紀初頭には，これらのクジラにマッコウクジラを加えた大型鯨類の年間捕獲頭数は 7 万頭以上となり，その大部分は南大洋での捕鯨によるものだった．もっとも価値の高いシロナガスクジラの捕獲量は 1930 年にピークを迎え，徐々に価値が低い種に狙いが移っていった（図 2-2）．ナガスクジラの捕獲量のピークは 1950 年代，イワシクジラは 1960 年代である．1970 年代の南極海における商業捕鯨の最後の一葉は，重さがシロナガスクジラの 10 分の 1 しかない比較的小型のミンククジラであった．商業捕鯨の末期には，大型鯨類のセミクジラ・ザトウクジラ・シロナガスクジラはほとんど絶滅状態となり，他の大型鯨類も激減していた．

ここに重要な教訓がある．規制がおこなわれていない漁業では，少しでも儲けになるかぎり漁獲が続けられ，資源が枯渇してコストに見合わなくなるか，需要がなくなるようになって初めて漁獲が抑えられるようになるということである．

捕鯨の歴史は世界の多くの漁業で見られる連鎖的枯渇（sequential depletion）現象の代表的な例である．母港から近い場所でもっとも漁獲しやすい種から漁業が始まり，最初に漁獲した種や近い漁場で魚が少なくなるとより遠くに出かけていくようになる，というものである．つまり，魚が局所的に減少するにしたがって，別の場所の新たな個体群や種が漁獲対象として開発されていくのである．

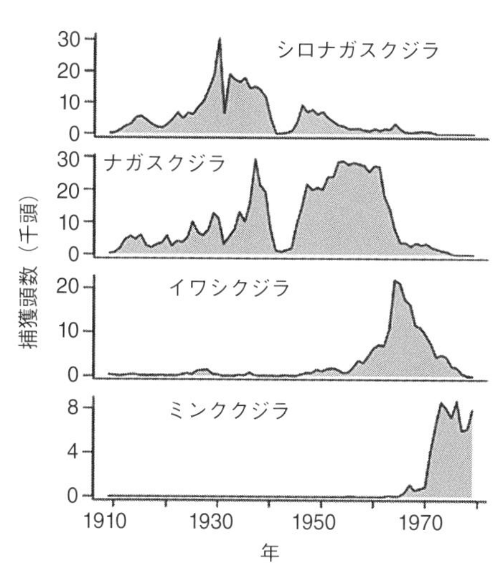

図2-2 シロナガスクジラ・ナガスクジラ・イワシクジラ・ミンククジラの捕獲頭数（データ提供：IWC）．

捕鯨はまた，公海漁業における国際的な漁業管理の問題を浮き彫りにしてくれる．欧米では伝統的に「海洋自由の原則（Freedom of the Seas)」というものがあり，外洋では誰もが自由に漁業をおこなえると考えられてきた．ただし，国々が協調して乱獲を防ぐ努力をする必要性も認識されてはいた．1946年には，南極海の捕鯨で得られた鯨油が油市場で供給過多になっているという懸念に応える目的で，国際捕鯨委員会（International Whaling Commission：IWC）が設立された．1960年代には，持続的な捕獲量水準についてのアドバイスをするため，国際的な専門家グループが設置された．非公式に「三賢人」と呼ばれたこの専門家グループは捕獲量を直ちに削減するように要望した．しかし，IWCに実際の捕獲量を規制する力はないことがわかった．合意された捕獲量規制を守らない国があり，IWCには規制を強制する力がなかったのである．1970年代，1980年代に商業捕鯨が衰退するに伴い，さまざまな大型鯨類の資源は回復し始めた．1985/1986年にIWCはすべての商業捕鯨の捕獲枠をゼロにした．これは「モラトリアム（一時停止)」と呼ばれている．

クジラを持続的に利用することはできるのか？

「持続的な利用」とは，個体群を同じ水準に保ちながらも毎年捕獲を続けることで，そのためには対象個体群が自然に増加する潜在的な力を残しておくことが必要となる．たとえば，カリフォルニア沖のコククジラは1960年代の1万2千頭から1990年代の2万頭に，年間3～4%の率で増加した．ロシアの先住民の生活のために年間120頭の捕獲が続けられているにも関わらず，現在の北東太平洋のコククジラ個体数は，欧米諸国の商業捕鯨開始以前の個体数にまで回復したと考えられている（ただし，北大西洋のコククジラは絶滅し，北西太平洋のコククジラも絶滅寸前となっている)．

もし仮に，北東太平洋のコククジラ個体群を毎年2%ずつ捕獲していたとしたら，数百頭分を毎年余計に捕獲でき，個体群も回復しただろうが，その回復のペースはもう少し遅くなっていただろう．もちろんこの計算は，個体数の推定値がだいたい正しいと仮定し，実際の捕獲量が年2%を超えないことを保証するような管理手法があることを前提としたものである．商業捕鯨の再開がいまだなされないのは，公海漁業において国際的な合意が遵守されないという懸念があるためである．実際のところ，これはクジラだけの問題ではないのだが．

IWC が商業捕鯨を再開する決定をした場合に備えて，IWC の下部組織である科学委員会は，長年の間，持続的な捕鯨の科学的基盤となる管理ルールの開発をおこなってきた．とくに，クジラの個体群にまつわるすべての不確実性を考慮できるような捕獲戦略（harvest strategy）の開発が望まれていた．個体群はどのくらいの割合で増加するのか？実際にどのくらいの数のクジラがいるのか？何歳で繁殖して，どのくらいの子どもが生き残るのか？個体群の構成（雌雄比，成熟個体の割合，年齢構成など）はどのようになっているか？繁殖を別にする個体群の分布の境界についてもわかっていることはきわめて少ないので，減らしてはいけない独立した繁殖個体群を誤って捕獲してしまう危険性もある．

何年もの間，資源保護の目標にかなうさまざまな管理方式を模索してきた IWC の科学者チームは，1990 年代の初頭，ついに持続的に商業捕鯨をおこなうための手法（改訂管理方式，Revised Management Procedure：RMP）を開発した．その科学的な内容については，IWC の科学委員会に続いて，本委員会からも承認された．しかし，本委員会は，商業捕鯨再開の可能性を検討する前に，監視制度とコンプライアンスについてのさらなる合意事項を採択する必要があるとした．この採択は現在もまだなされていない．その結果，モラトリアムは継続し，改訂管理方式が IWC のもとで実施されることはなく，現在に至っている．ただし，改訂管理方式を一部改変した管理方式がアラスカのホッキョククジラの捕鯨に用いられている．

現在，ノルウェーは自国の水域でミンククジラの合法的な商業捕鯨をおこなっており，10 万頭以上と推定される個体群から年間約 1,000 頭のクジラを捕獲している．この捕獲頭数は生物学的に持続可能なものと考えられている．絶滅のおそれのある野生動植物の種の国際取引に関する条約（ワシントン条約，International Convention on Trade in Endangered Species：CITES）はミンククジラの国際商取引を禁止しているが，国際法解釈に則れば（ノルウェーは CITES の決定に留保を表明しているので），ノルウェーがミンククジラの肉を輸出することは合法的である．アイスランドもノルウェーと同じく，モラトリアムに対する異議申し立てのもとで捕鯨を続けている．一方で，日本の捕鯨は IWC の科学調査規定のもとで続けられている．

アメリカもまた捕鯨国である．アラスカの北極海沿岸と西海岸の先住民であるエスキモーは，1万1千頭以上いると推定されるホッキョククジラの個体群から年間50頭づつ捕獲している．絶滅の危機に瀕する種の保存に関するアメリカの法律で，ホッキョククジラは「絶滅危惧（endangered）」種に分類されているが，その個体数は増加している．毎年の捕獲頭数と資源状態は定期的にIWCに審査されており，先住民による手工芸品以外，このクジラが商業的に取引されることはなく，食料製品についてはすべて地元で消費されている．

海のなかの動物の数をどのようにして推定するのか？

著名な海洋科学者ジョン・シェファードは，かつて，皮肉を交えて次のように言ったものである．「魚の数を数えるのは，木の本数を数えるぐらいたやすいことさ．目に見えなくて動きまわる，ということを除けばね…」．クジラや魚のように動き回る海の生きものを数えることは非常に難しく，海洋生物の個体数を推定するために厖大な科学的労力が費やされている．そこで通常は，個体数そのものよりも，さまざまな調査手法を用いて個体数の相対的な変化を表す指数が推定される．魚の個体数推定に用いられているもっとも一般的な方法は，異なる生息域をカバーするように系統的に調査点を設定し，さまざまな方法で各調査点にいる魚の数や量を知り，相対的な指数を得るというものである．底魚の調査でもっとも一般的におこなわれているのは底引き網を用いた採集である．魚群探知機やカメラを使うこともある．別の手法として，何千匹もの魚に標識をつけて放流し，その後に漁獲された魚のうち何割に標識がついているかを調べる方法もある．アワビやホタテ，その他の二枚貝などの底生動物では，海底から系統的に採取調査をおこなうことで，より信頼性の高い個体数推定値を得ることができる．

クジラについてはおもに2種類の方法が使われている．一つは，クジラの個体ごとに写真を撮って，それぞれの個体についた目印から個体識別をする方法である．ほとんどすべての個体が毎年撮影されるような群れもある．もう一つは，トランセクト（transect）と呼ばれる事前に決められた調査コース上を航海して，1kmあたり何頭のクジラが見られるかを数える方法である．この方法によって資源量の相対的な指標が計算できるだけでなく，各種の補正によって，絶対的な個体数密度を推定することもできる．

このような調査を複数実施することで，調査データや標識データ，そして，個体群の年齢組成データが同時に利用できるようになることもある．これらのデータはすべて「資源評価」という枠組みのなかで統合されることが多い．「資源評価」とは，個体数の過去の動向を推定するための統計的な手続きのことである．大部分の漁業資源の管理機関は，資源評価の結果を基にして，漁業規制をどの程度おこなうかを決めている．

科学者は持続的な漁獲量を推定できるか？

資源評価によって，ある個体群における個体数の時間的な変遷が明らかになる．資源評価とは各個体の誕生，死亡，そして成長を計算するための枠組みとも言える．科学者は，資源評価をとおして年々の資源量の純増加量（余剰生産量：surplus production）と漁獲量を計算する．もし，漁獲されている個体群の個体数が常に一定であれば，余剰生産量は漁獲量と等しくなる．個体数が増加している場合，余剰生産量は資源の増加分に漁獲量を足したものとなる（図 2-3）．持続的な漁獲量とは，ある個体数のもとで得られる平均的な余剰生産量となる．資源評価は，過去の個体数と余剰生産量を求めるものである．通常，許容される漁獲量は余剰生産量を考慮して決められる．もし，今の資源量が管理の目標となる資源量と同じくらいと考えられる場合，今の資源量から得られる余剰生産量の推定値が漁獲量として推奨されるだろう．一方，資源が枯渇している場合，目標資源量まで資源を回復させるため，余剰生産量よりも漁獲量を少なくするのが望ましい．

図2-3. 余剰生産量と資源の増加分，漁獲量の関係．

日本の「調査捕鯨」に意義はあるか？

日本政府は，科学的調査の一環として，ある鯨種の個体群から捕獲することを正当なこととして許可しており，それによって捕獲された鯨肉は日本の国内で販売されている．捕鯨調査船では体長・性別・年齢・妊娠の有無・餌組成といった生物学的データが科学者によって収集される．さらに，個体群の構造や環境汚染物質への暴露の程度を調べるため，体組織の採取もおこなわれる．目視調査船では，どの程度の頻度でクジラが見られるかを記録しながら，個体数推定に必要なデータが収集される．

調査捕鯨に対する批判勢力は，調査捕鯨から得られた科学的成果が査読付きの学術論文として発表される数が非常に少ないこと，また，モラトリアムが撤回されたとしても，商業捕鯨の管理で用いられる改訂管理方式では捕殺したクジラから収集したデータを必要としない，という点を追及している．一方，日本政府は自分たちの正当性を主張しており，その根拠として，捕獲限度枠を決める権限をもつ加盟国政府によって正式に許可されている場合，国際捕鯨取締条約は調査による捕鯨を禁止していないことを挙げている．さらに，南半球と北西太平洋における鯨類の生産性や種間の競合関係・汚染の影響といった科学的知見の不確実性を減らすためにも，この調査が必要だと主張している．

日本の調査捕鯨は論争の種であり，また，感情的な議論を誘発しがちである．調査を隠れ蓑にしたたんなる商業捕鯨だと考える人がいる一方で，科学的に価値のあるデータを提供していると考える人もいる．

日本の調査捕鯨が個体群の存続を脅かすほどの数を捕獲していないことはたしかだろう．したがって，調査捕鯨に関するおもな懸念としては次のことが考えられる．最初に，動物の権利という観点から，どんなクジラも殺すのは悪である，というもの．次に，これが商業捕鯨再開の端緒となるのではないか，というものである．しかし，多くの科学者がもっとも問題視しているのは，日本がモラトリアムの決議をないがしろにする口実として科学調査を利用しているのではないか，ということである．

資源を次から次へと枯渇させていくようなことは，よくある問題なのか？

産業として漁業が拡大していった時代，漁業船団はある資源を枯渇させると，次に別の資源を探して漁獲するというようなことを繰り返していた．しかし，そんな時代は完全に過去のものとなった．今となっては，新しく漁獲できる大きな資源はすっかりなくなり，残された海洋資源をいかに持続的に管理するか，といったことに多くの労力が注がれている．より深く，より遠くの海に出かけた漁船が新たな漁業を始めることもまだあるが，ここ 20 年間で新たに発見された資源はすべてとても小規模で，世界の漁獲量に大きく貢献するようなことはなかった．実際，2010 年の世界の漁獲物の組成は 1990 年のものとほとんど同じなのである．

一方で，欧米諸国の漁業船団の縮小によって起こっている現在進行中の問題もある．政府は，廃船となった船を自国内の別の漁業で転用しない，という条件のもとで，漁業をやめる船に補助金を支払うことがよくある．その結果，ある国で補助金をもらってやめた船が，別の場所，たいていは管理による制限がより緩い他国の水域で非合法に漁業を再開するという事態が起こっている．

第 3 章
漁業の回復

漁業資源を乱獲から回復させることはできるだろうか？

シマスズキ（ストライプドバス，図 3-1）という魚を知っているだろうか？美味しくて，資源量も豊富にある．海のなかでは猛獣のように戦うスポーツフィッシングにはうってつけの魚だ．今でも 70 ポンド（およそ 32kg）になる高齢魚が漁獲されることがあり，乱獲から驚異的に回復した象徴的な種の一つとなっている．

ヨーロッパ人が最初に北アメリカを訪れたとき，他の多くの資源と同じようにシマスズキ資源も無尽蔵のように思われた．探検家のキャプテン・ジョン・スミスは，シマスズキの背を踏んで靴をぬらさずに川を渡れるほどだ，と記している．多くの入植者を惹きつけるためにかなり誇張した表現を使ったのだろうが，それでも，たくさんいたことに間違いはないだろう．

しかし 1639 年には，マサチューセッツの植民地でシマスズキの資源状態が懸念されるようになり，シマスズキを農作物の肥料とするのが禁止された．18，19 世紀，そして 20 世紀の大部分で，シマスズキは遊漁にとっても漁業にとっても非常に重要な魚だった．チェサピーク湾とロングアイランド湾の漁業はとくに大きく，また，そこからフロリダにかけての東海岸には小規模な漁業が点在していた．

図3-1. シマスズキ（写真提供：Chesapeake Bay Program, http://www.chesapeakebay.net/）．

しかし，資源量は断続的に減少していた．1905 年になると，マサチューセッツ州のウッズホール周辺のシマスズキは「あまり見かけない」魚になった．信頼できるデータが集められるようになると，資源量も，漁業と遊漁の漁獲量と漁獲努力量（漁獲に要した時間や労力）あたりの漁獲量も，漁獲量が最大だった1973年の10分の1に減少したことが明らかになった．東海岸でもっとも重要だったこの資源はこうして崩壊したのである．

1980年代半ば近くになると，シマスズキには厳しい漁獲規制が課せられるようになった．メリーランドとデラウエアのシマスズキ漁業は完全禁漁となった．東海岸の漁業では最小の漁獲可能サイズが大幅に引き上げられ，一日あたりの漁獲量の上限が引き下げられた．これらの漁獲規制と現在もおこなわれている淡水域の生息環境の改善によって，シマスズキ資源は驚異的に回復した．1990年代の中頃までには，産卵雌の資源量は10倍に増え，若い魚の資源量は記録的な水準に達した．1995年にはチェサピーク湾の資源に回復宣言がなされ，1998年にはデラウエア川の資源も同様に回復宣言がなされた．現在，この漁業は今までにないほど価値があるものになっている．

シマスズキは遡河性の魚である．淡水域で産卵し，卵が孵化すると川の流れや潮汐によって流され，漂流していく．若齢魚になるとより川下の河口付近まで下り，そこで2，3年かけて成長する．最終的には海に移動して，成熟するまでそこに留まる．成熟年齢は4～8歳で，成熟年齢に達したメスは産卵のため淡水域に回帰する．

シマスズキは，生きているかぎり成長する．最大体重の記録は125ポンド（およそ57 kg）にも及ぶ．子孫を残すためにシマスズキは産卵場所に回帰する必要があり，また，卵から孵化した魚が生き残るために，小さい魚が捕食者から逃げられるような良い場所で産卵する必要がある．チェサピーク湾とそれにつながる川は，現在でもシマスズキの重要な生息域となっていて，東海岸の全資源の75%が生息している．次に多いのは，デラウエア川とハドソン川になる．

シマスズキ資源の崩壊は，小さな傷が積もり積もって死に至った典型的な例と言える．植民地時代以降，淡水域の生息環境は悪化し，失われた．産業革命の時代には，堰を作って川の水を水車小屋の方に流すようになった．20世紀になると，大きな工場や農業排水・都市からの下水によって川の水はひどく汚染された．さらに悪いことに，アメリカ中西部の大工業地帯から酸性雨が流れ込んできた．漁業と遊漁はなおも拡大し，まだ産卵もしていないような小さい魚まで漁獲されるようになった．メスの成熟には少なくとも

24～28インチ（およそ70～71cm）まで成長する必要があるにもかかわらず，当時，漁獲が許されていた最小の体長は12～14インチ（およそ30～36cm）だった．非常に高い漁獲圧によって，全資源量の半分以上が毎年漁獲された．ハドソン川とデラウエア川に面した大型発電所がとどめを刺した．発電所の冷却システムに川の水を引き込むことによって，水中の卵と若齢魚を死滅させたのである．

多くの傷を負って死にそうになっている人にはたくさんの絆創膏（ばんそうこう）が必要だ．そして実際に，たくさんの絆創膏を貼ることで，患者であるシマスズキは生き延びることができた．1970年代の水質浄化法の成立によって水質が劇的に改善し，最大の問題だった高い漁獲圧は大幅に削減された．するとすぐにシマスズキ資源は回復し，産卵する年齢まで生きられるようになった．

さらに，気候の変化も卵や若齢魚の生き残りに味方したのは明らかだった．シマスズキ資源が崩壊していた1970年代は，冬から春にかけて比較的暖かく，乾燥しやすいような気候が続いた．シマスズキ資源が回復した時代は，冬から春にかけてより寒く，湿った気候に変わった．

シマスズキの資源回復で重要だったのは，さまざまな取り組みを連邦政府と複数の州が連動しておこなったことである．シマスズキの産卵場は多くの州にまたがっているうえ，漁獲は州と連邦政府の両方の管轄域でおこなわれていた．シマスズキ資源は単一の管理母体で管理できるようなものではなかったのである．もし，ニューヨーク州やメリーランド州で魚を獲りすぎていたら，バージニア州での生息環境改善の取り組みは意味のないものになっていただろう．資源回復計画に必要な協力体制を確立するため，多くの州法が設定され，州間でさまざまな合意がなされた．実際のところ，このような協力体制を構築するのは難しいことではあった．しかし，その必要性に迫られていた．シマスズキの個体群が極度の危機に瀕していたこと，そして，資源回復が絶対に必要であることを誰もがわかっていたのである．

つまり，乱獲と不適な気候が卵や若齢魚の生き残りを減らした元凶で，良い管理と適した気候こそが資源回復の功労者だったのである．

しかしながら（有頂天になっているときには，いつでも「しかしながら…」という話になるもので），どんな最良の資源管理の物語でも永遠に続くハッピーエンドはありえない．このシマスズキの物語もたしかにその例にもれなかった．シマスズキが目を見張るほど急速に回復したのは事実だが，現在，シマスズキ個体群はマイコバクテリア感染症に脅かされている．半分以上の親魚資源がマイコバクテリアに感染しており，それによって死ぬこともある．近頃では，気候も再びシマスズキにとって良くないものに変わりつつあり，個体群は再び減少し始めている．

魚にとって生息域はどのくらい重要なのか？

生息域が失われれば，魚もいなくなる．

乱獲を止めることができたとしても，魚が棲むのに適した生息域がなければ，個体群が回復することはない．アメリカでは，マグナソン・スティーブンス漁業保存管理法によって「魚にとって不可欠な生息域」を保護することが義務づけられている．しかし，「不可欠」の定義とは何だろうか？魚は，その種にとって適当な環境条件を満たすような水環境でしか生息できない．環境条件とは，水温・塩分・水の酸性度を示すpH・有毒な化学物質がないといった条件のことである．酸性雨が流れ込む湖や小川ではpHがとくに大きな問題になっている．最近は，海洋でさえも，大気中の二酸化炭素の増加によって酸性化しつつある．産卵魚の多くは非常に神経質で，条件に合う場所でしか産卵をおこなわない．また，卵から孵化した若齢魚は，成長するのに適当な餌を見つけやすく，捕食者から隠れやすい場所を見つけなければならない．

生息域の変化はさまざまな形・規模で起こっている．ダムは，サケ・マス類やシャッド（ニシン科）・他の遡河性の魚が産卵場所に向かうための通り道を遮る．つまり，ダムの建設は彼らの生息域全体を奪うことを意味する．酸性雨や気温の上昇，そして，たとえ低レベルでの汚染でも生息域の質は低下し，魚の生残率が下がるだろう．長年にわたるダムの建設・川の汚染・都市部や農地への河川水の引き入れは，淡水魚の生息環境に非常に大きな爪痕を残してきた．堤防や沿岸域の開発・都市部の拡大・水質汚染によって，河口域は原型をとどめないほど改変された．全体的に見て，人が多い場所ほど生息環境の悪化がひどい傾向がある．しかし，そうかと思いきや，エクソン・バルディーズ号やディープウォーター・ホライズン号による原油流出事故のように，遠い場所で起こった出来事がはるか沖合の生息域に長年にわたって大きな影響を与え続けるようなことも起こっている．

ジョン・スミスが見た厖大な数の魚はどうなったのか？

昔の記述から正確な数を知るのは難しいが，それでも，失われたもののおおよその大きさを知ることはできる．ジョン・スミスの記述には，人々の興味をかきたてるためにある程度の誇張があったかもしれない．しかし，生息域が悪化したり激しく乱獲されたりした場所で，魚の個体群の多くが次々に消えていったことには間違いがないだろう．

フランスの科学者で，今はカナダで働いているダニエル・ポーリーは「ベースラインの変化」という概念を唱えた．「ベースラインの変化」とは，自分たちが若かったときに物事がどうだったか，という古き良き時代の状態を「自然の状態」として考えてしまう傾向のことである．しかし，本当の意味での資源量のベースラインは，20 年前または 40 年前といった自分たちが若かったときの状態でなく，歴史全体を振り返って注意深く設定する必要がある．この目的を達成するため，多くの科学者や歴史家は古生物学的・歴史学的な調査手法を用いて漁業資源の歴史を明らかにしようとしている．

加入乱獲と成長乱獲の違いは？

生産乱獲には，加入乱獲（recruitment overfishing）と成長乱獲（growth overfishing）という二つの異なる乱獲の形式がある．

新しく生まれてから少なくとも最初の 1 年を生き延びた魚を「加入」と呼び（訳注：一般には，漁獲される年齢まで生き延びた魚の数を加入と言う），加入乱獲とは，親の数が十分でないことによって，加入が十分に得られない状態のことを言う．

生態学の理論では，餌の量や捕食者からの逃げ場所といった生息場所の環境が最終的な加入の数を決めると考えられている．個体数が増えて一定量を越すと，ホテルに空室がなくなってしまうように，卵や幼魚は生息場所から追い出されることになる．漁獲圧が低く，親魚が十分に残されている場合，卵や幼魚がすべての生息場所を利用してしまっているかもしれない．一方，漁業圧が高くなって親魚が少なくなると，生息場所でなく，生き残る卵や幼魚の数が加入を決定するようになるだろう．そして当然ながら，その数は卵を産むことができる成熟した親魚の数に依存する．親魚があまりにも少なくなってしまったために加入があまりにも少なくなってしまう状態に陥った場合を加入乱獲と呼ぶ．

成長乱獲は，漁獲される魚の大きさと年齢に関係する乱獲である．

典型的な魚の成長は，若い頃にとても速いが，その後，どんどん遅くなる．成熟して卵や精子を生産するようになると，成長よりも繁殖にエネルギーを多く使うようになるためである．もし，何歳の魚を獲るか正確に選んで漁獲できるなら，成長が止まったあとの魚だけ漁獲すれば良い．魚を漁獲するのに最適なタイミングは，理論的には，自然の原因によって死ぬ確率と成長率がちょうど同じになったときである．まだ成長途中の小さい魚を漁獲する場合，成長乱獲をしていることになる．あまりにも若いうちに漁獲してしまうことで魚の将来の成長分を無駄にしてしまっているのである．大部分の漁具では，特定の大きさや年齢の魚だけを漁獲することが難しいため，成長乱獲の程度は基本的に漁獲の強さに依存する．

生産乱獲の程度は，加入乱獲と成長乱獲の強さの両方に影響される．生産乱獲を回避し，長期的・持続的に最適な漁獲生産量を達成するためには，ある一定の漁獲圧の下で漁獲すれば良いことが理論的・経験的な研究から示されている．しかし，それはもちろん環境が変化しないことを仮定したうえでの話であり，残念ながら現実に私たちをとりまく世界は常に人間や自然そのものによって変化し続けている（環境が漁業に与える影響については第6章で取り扱う）．

遊漁と漁業は共存できるか？

2007年，遊漁業界からの盛んな政治的ロビー活動の結果，連邦水域のシマスズキは遊漁の対象魚（ゲームフィッシュ）であるとの宣言がなされた．この宣言は，州が管轄する水域の外，つまり連邦水域でいっさいの商業漁業が禁止されることを意味するものだった．しかし，それまでも，シマスズキに対するどんな漁業も連邦水域で再開することは許されていなかったため，この宣言は実質的に意味がないものであった．しかし，この宣言によって，遊漁と漁業との対立の構図が表面化することになった．今でも，より価値の高い魚をゲームフィッシュとして認めさせ，商業漁業を閉め出そうとするロビー活動は続けられている．

遊漁と漁業は共存できるかもしれないが，多くの場合，それは容易ではなく，不可能に近いものである．「自分たちの魚」が何百匹も漁船に積まれていくのを見るほど，遊漁者を激昂させるものはない．逆に，自分たちは一人1匹か2匹しか獲っておらず，資源保護の問題はすべて漁業の責任だと遊漁業界の代表が高らかに宣言するとき，漁業者は怒りで卒倒しかけるのだ．

保護という目的を考えると，誰が魚を殺したかということは関係ない．死んだ魚は死んだ魚である．

一般に，先進国では，漁業による漁獲量に比べて，遊漁による漁獲量は微々たるものである．しかし，より価値の高い魚になるとその状況は一変する．価値の高い魚というのはだいたいひどく漁獲されている魚であり，その漁獲量の半分以上が遊漁による漁獲であることも多い．

しかし，この本は乱獲についてのもので，異なる利用者グループへの魚の配分についてのものではない．圧倒的な遊漁者の数とロビー活動の政治力によって，誰が魚を獲るかという競争に遊漁者が勝利しつつある，ということを最後に述べて，この章を終えることにしよう．

第 4 章

漁業管理の近代化

うまくいった漁業管理とは？

2009 年 9 月 10 日，クロマグロと東ベーリング海のスケトウダラ（図 4-1）を話題にした記事がエコノミスト誌に掲載された．「二つの漁業の物語：想定内の乱獲と想定外の乱獲」と題された記事は次のような内容のものであった．「海での乱獲には二つの場合がある．一つは（クロマグロの例を引用して）科学的勧告を無視して，なりふり構わず魚を獲りまくる場合．もう一つは（東ベーリング海のスケトウダラの例を引用して）科学的勧告を守ったにもかかわらず，その勧告が十分でなかったことにあとになって気づく場合」．アメリカの資源管理システムの誇りともいえる東ベーリング海のスケトウダラ漁業が，管理の失敗例として国際的なメディアに取り上げられたのである．エコノミスト誌の記事に情報を提供したグリーンピースは，この記事が出る前の 1 年間にわたってスケトウダラ漁業が崩壊寸前であると主張してきた．2008 年 10 月のグリーンピースのウェブサイトにはこのような記事がある．「不十分な監査と管理の失敗によってウォール街の金融機関が崩壊したように，スケトウダラ漁業も崩壊に向かって突き進んでいる… 毎年，漁業管理者は利益を優先して魚を多く獲ることばかりを考えている．このままでは漁業資源を維持できない．漁獲量を削減する必要があることは科学的に明白であるにもかかわらず，漁獲は続けられている…」．

ことの発端は，スケトウダラの資源量が 1995 年の 1,280 万 t から 2008 年の 410 万 t まで減少したことだった．それに伴って漁獲量は 150 万 t から 80 万 t に減らされた．環境保護団体は，これを崩壊への第一歩

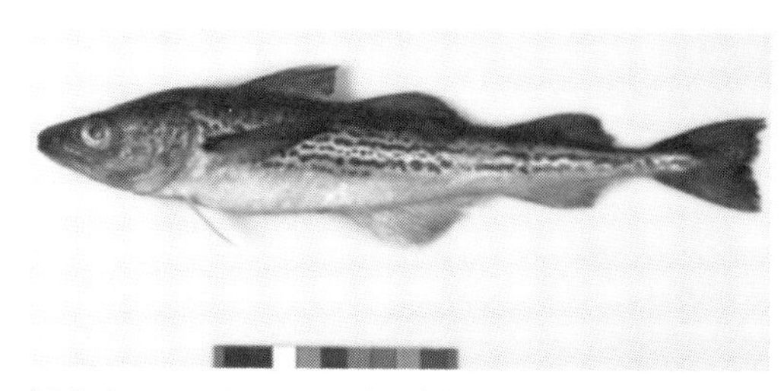

図4-1. スケトウダラ（写真提供：西村 明氏，水産総合研究センター）．

（カナダのタラ漁業で起こった悪夢の繰り返し）と解釈したのである．しかし，東ベーリング海のスケトウダラ資源の科学的評価をおこなっているアメリカ海洋漁業局（National Marine Fisheries Service：NMFS）は，資源の減少は自然に起こったものと反論している．その根拠は，「1,280万tという資源量は歴史的に見ても非常に高く，これは若い魚の生き残りが特別に良かった年が数年間立て続けに起こった結果である．しかしその後，若い魚の生き残りが悪い年が数年続いたため，若い魚の数が平均よりも少なくなった．そのような状況下で，1,280万tという高い資源量がずっと維持されることはまずありえない．」というものである．また，若い魚の生き残りが悪かったこれまでと比較して，最近は状況が好転する兆候が見られるため，資源は再び増加するだろう，とも予測されていた．その予測はたしかに正しかったことが証明された．2011年までに，資源は960万tにまで回復し，科学的に推奨される漁獲可能量は130万t近くまで増やされたのである．

東ベーリング海のスケトウダラ漁業は大規模な企業型漁業だ．大工場並みの大きさの16の底引き船団が全漁獲量の40%を占める．これらの船団は冷凍庫を搭載し，漁獲した魚をすべて船上で加工する．残りの60%は82の小型船団によって漁獲され，漁獲物は沿岸の工場か3隻ある海上の母船に運ばれ，そこで加工される．このスケトウダラ漁業で得られているデータは，たいていの漁業管理者が羨むようなものである．漁業をうまく管理していくためには，科学的に計画された調査によって資源量の増減の傾向を知る必要がある．スケトウダラの場合，そのような科学的調査は1年に2回の頻度でおこなわれている．また，漁獲される魚の量と，もしあれば，投棄される（船外に捨てられる）魚の量を知る必要もある．この漁業では，漁獲量と投棄量を記録するオブザーバー（observer）が大型船1隻ごとに2名おり，操業はいつも見張られている．小型船団でも，その約80%にオブザーバーが乗船している．さらに，生態系の全体像を把握することを目的として東ベーリング海の生態系に関する大規模な調査が実施されており，商業的に重要でない種についても研究がなされている．200海里経済水域が施行されてからは，東ベーリング海とアリューシャン諸島で漁獲される全魚種の漁獲量の上限が年200万tに設定されている．この上限があることによって，例年，それぞれの魚種に対する実際の漁獲量は，種ごとに算出された生物学的な許容漁獲量よりも少なくなっている．たとえば，1991年に提示されたスケトウダラの生物学的な許容漁獲量は170万tだったが，（他の魚種で80万tの漁獲があったため）実際のスケトウダラの漁獲量は120万tに抑えられた．そのうえ，北大西洋の漁業とは異なり，スケトウダラ漁業の歴史はまだ浅く，この漁業から得られるデータは漁業が開始された当初の1977年まで遡ることができる．大西洋の漁業管理者の頭を常に悩ませるのが，長い漁業の歴史のなかで過去の資源量がどのくらい多かったかわからない，という問題である．しかし，アラスカのスケトウダラ資源では，1995年に（少なくとも漁業開始以来の）過去最高水準の資源量に達したことがわかっている．

スケトウダラ漁業が持続的管理の成功例になった理由は何だったのか？

スケトウダラ漁業でとくに際立っている点は，データが非常に充実していること，資源保護を重視する方法で漁獲枠が決められていること，生態系全体を考慮して総漁獲量にも上限が設けられていることである．オブザーバーの乗船率がこれほど高く，これほど頻繁に調査がおこなわれている漁業は世界でもほとんどない．漁獲枠は，漁獲対象となる資源全体のほんの一部だけを獲るように設定されている．1991年以降の漁獲枠の平均は，総資源量のたった15%程度である．さらに，200万tという全体の漁獲量の上限が保険として機能しており，他の場所のように，生態系全体に過剰な負荷をかけてしまうのを防いでいる．

漁獲枠は，なぜ毎年大きく変わるのだろうか？

科学者によってスケトウダラの資源量が算出されると，漁業管理計画（Fisheries Management Plan：FMP）の一部として公表されている漁獲枠の設定ルールに基づいてその年の漁獲枠が計算される．このルールはとても単純で次のようなものである（図4-2）．もし，現在の資源量が目標とする資源量よりも多かったら，漁獲枠は総資源量に一定の割合を掛けたものとなる．この割合は，長期間にわたって漁獲量が最大になるように決められたものである．一方，現在の資源量が目標とする資源量より少ない場合，最小限度として定められた資源量でゼロになるように，漁獲枠が徐々に減らされる．資源量の最小限度以下では，すべての漁業が禁止される．このルールは，条件が良いときは長期的に最大の漁獲量を与え，条件が悪いときには漁獲圧を減らすようなものとなっている．

たとえ漁業がなかったとしても，漁業資源は毎年大きく変動する．環境条件が良く，魚の成長や生き残りが良い年もあれば，成長や生き残りが芳しくない悪い年もある．こうした良い年・悪い年は不規則に起こるわけでなく，たいてい何年か続けて起こるものだ．スケトウダラでは，1990 年代にとくに良い年が続き，2000 年代はじめに悪い年が続いた．結果として，資源量は 1990 年代に増加したあと，2000 年代に減少し，そして，持続的な漁業管理計画の自然な帰結として，漁獲量も同じ傾向となった．スケトウダラで見られた漁獲量の減少は優れた管理システムのなかで起こるべくして起こったことで，資源崩壊の兆候でないことは明白であった．

もちろん，漁業資源の健全さを見るために，とりあえず漁獲量を使う場合もある．いつも同じ割合だけ漁獲されているのであればそれで良いが，資源が少なくなったときその割合は変化し，漁獲量は資源量よりも急激に少なくなるかもしれない．一方で，200 万 t の漁獲量の上限があるような場合，資源量が多いと，スケトウダラの漁獲率はとても低くなる．そして，そこから資源量が減少したときには漁獲率が増加するようなこともありうるのだ．

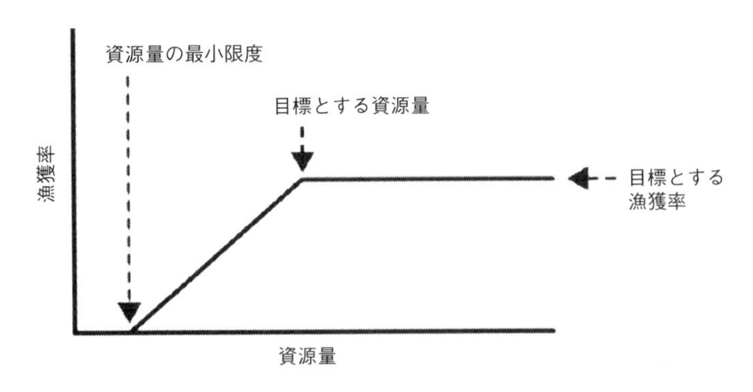

図4-2. 東ベーリング海のスケトウダラ漁業における漁獲率の設定方法の概念図.

資源評価とは何か？

資源評価とは，ある漁業資源で利用できる情報をすべて組み合わせて，資源量の過去の増減がどうなっているか，どのくらいの割合で漁獲がなされているか，そしてその漁業資源がどれだけの生産力をもっているか，ということを推定するための科学的なプロセスである．過去に魚がどのくらいいたか，漁獲量が多いか少ないか，魚の年齢と体長の関係がどうなっているか（年齢－体長関係）ということに関して，知り得るかぎりのすべての情報がデータとして使われる．通常の解析では，そうしたデータを使って数学的な計算を繰り返し，魚の出生数と死亡数が推定される．一般的には，少人数の科学者チームが最初の計算をおこない，その後，何回かにわたって計算結果が審査される．アラスカのスケトウダラの場合，ここ数年の間，確立された同じ解析手法が資源評価に用いられている．しかし，漁獲量や科学的調査・年齢組成に関するデータは毎年新しく追加されるため，資源状態も毎年更新される．その後，この解析結果は，州や政府の科学者からなる「プランチーム」によって審査され，次に，北太平洋漁業管理委員会（North Pacific Fishery Management Council）の科学統計委員会によってさらに審査される．この委員会は中立な立場をとる大学の研究者や政府・州の他の科学者のような多くのメンバーからなり，審査の内容はより踏み込んだものとなる．

オブザーバープログラムとは何か？

漁船におけるオブザーバーの仕事は，漁業の操業に関するデータを記録することである．通常，オブザーバーは，漁業活動がおこなわれたすべての時刻と位置，そして，船上に揚げられたり船外に投棄されたりした漁獲物を記録する．生態系への影響という観点からは，海鳥や海産哺乳類のように，漁獲の対象とならない種の漁獲にとくに注意が払われる．オブザーバーが，漁獲物から科学標本を採取することもある．その場合には，漁獲された魚の体長を種ごとにあらかじめ決められた数だけ測定する．さらに，「耳石」と呼ばれる魚の耳の骨を採取する場合もある．耳石には，木と同じように，成長に伴って毎年形成される年輪があり，魚の年齢を知るのに使われている．オブザーバーは科学的な役割だけを担う場合もあるが，漁業規制の実施に責任をもつ場合もある.

なぜ世界の漁業で，オブザーバープログラムがもっと実施されないのだろうか？

スケトウダラ漁業におけるオブザーバーの乗船率はとても高いが，一方で，オブザーバーがまったく乗船していない漁業も多い．ニュージーランドのように大規模な企業的漁業がある国々においても，オブザーバーの乗船率は10%に満たない．漁業の実態を把握するため，とくに，船外への投棄を記録するためにはオブザーバーの乗船が不可欠である．水揚量，つまりどのくらいの魚が投棄されずに持ち帰られたかは，漁船が港に入ったときに調査すればわかるし，漁獲位置も衛星追跡システムを使えば把握できる．しかし，投棄されたものを把握する際に，漁業者からの報告を鵜呑みにするのは馬鹿げている．漁業者には，たいてい，投棄量をごまかしたくなる理由があるからだ．

では，漁業において，なぜオブザーバー制度はもっと実施されないのだろうか？まず，オブザーバーを配置するのには多額の費用がかかる．次に，だいたいにおいて漁業者はオブザーバーの乗船を好まない．とくに，オブザーバーが漁業規制の実施に責任をもつ場合はなおさらである．第三に，小型船の場合には，オブザーバーが乗るスペースを見つけるのが難しいという問題がある．最後に，良いオブザーバーを継続して雇用することは難しい．オブザーバーの仕事は魅力的なところもあるが，同時に，家族や友人と離れて，海上で長期間すごさなければならない厳しい仕事でもある．

オブザーバーがあまりに少ないという問題は，すでに多くの漁業で導入されている自動記録カメラによってある程度解決される見込みがある．自動記録カメラは，漁船の甲板全体のようすを記録し続け，漁業の種類によっては，投棄されるものを見分けたり，種を同定したり，ときには個々の魚の体長を測定したりもできる．もちろん，自動記録カメラが生物標本の採取を代わりにおこなうことはできないが，将来さらに多くの漁業で自動記録カメラが導入されるようになるだろう．それはたしかに前進への第一歩である．

認証漁業とは何か？

信頼できる機関が一定の基準を満たしている商品を認証する制度（認証制度）は私たち消費者にとって必要で，当然あるべきものである．売られている肉は口にするのに適切であること，子どものおもちゃは十分安全なものであること．私たちはそれらがきちんと保証されているような商品を好む．漁業においてもっともよく知られた認証は，海洋管理協議会（Marine Stewardship Council：MSC）によるものである．MSCは，もともと，世界自然保護基金（World Wildlife Fund：WWF）と大型食品会社ユニリーバによって設立された非営利団体である．MSCは，「適切に管理されている」漁業が満たさなければならない基準の一覧を作成している．MSC認証を取得すれば，その漁業で漁獲された魚には持続的に漁獲されている証明となるMSCラベル（図4-3）を貼って販売することができる．アメリカのウォルマートをはじめとした多くの大手食品チェーン店はMSC認証の水産物だけを売ると公約しており，それによって，漁業者もMSC認証を取得するのに積極的になる．

認証に至るまでの過程は複雑で，議論の的になることもある．MSC認証は次のようにおこなわれる．MSC認証の申請をおこなうのは，ある漁業における主要な利害関係者となる組織，通常は政府機関か漁業組合である．審査の第一段階として，申請者は認証の審査をおこなう独立な認証機関を一つ選び，審査を依頼する．審査をおこなう認証機関となれるのは，第三者機関から認定された組織だけである．次に認証機関は，通常3人からなる審査チームを雇用し，MSCが定めた基準にしたがって，その漁業に得点をつける．資源状態・管理のために利用できる科学的データ・漁業管理システム・その漁業が生態系に与える影響の大きさなどが審査の基準となる．そして，漁業がそうした基準を満たしていると（すべての項目が60点以上

図4-3. MSCラベル．

かつ平均で80点以上)，正式に認証がなされる．ただし，個々の項目には最小得点（80点）が設定されており，この得点を下回った項目がある場合には，必要とされる得点を一定の期間内に獲得するという条件付きでの認証となる．初めて認証される漁業では，最初の認証の際に多くの条件が付与されてしまうことが多い．

審査チームが一度得点づけをおこなったあとは，認証を依頼した機関や興味を持ちそうな他の利害関係者に評価結果が公開され，意見が求められる．その意見に基づいて得点付けがやり直されることもある．そうしておこなわれた再評価は，独立の科学者からなる審査チームによってもう一度審議される．もし依頼機関や他の利害関係者が認証の最終的な結果に不満をもつ場合は，異議申し立てをすることができる．その場合，異議申し立てされた問題を評価するための「評議委員会」が設置される．

一度認証されると，条件が満たされているか，得点が変わるような漁業の変化があるか，といった観点から，毎年点検がおこなわれる．アラスカのスケトウダラ漁業は，2005年からMSC認証をもつ世界最大の漁業となり，2010年には再認証がなされた．

MSC認証は常に大きな論争を引き起こしている．漁業者の団体は，基準が厳しすぎるし，費用もかかりすぎると感じている．環境NGOは，基準が緩すぎるうえに，費用が漁業者側から捻出されていることによって，審査の公平性が著しく損なわれていると考えている．とくに，南ジョージア島沖のマゼランアイナメ（第12章）と南極のオキアミに対する認証は大きな論争の種となっている．2011年までに102の漁業資源が認証され，認証漁業の漁獲量は世界で消費される魚の12%を占めるまでになった．さらにこの本を執筆している時点（2011年）で，142の資源が審査中となっている．

なぜ一部のNGOは，東ベーリング海のスケトウダラが適切に管理されていないと考えているのだろうか？

グリーンピースやオセアナ（Oceana）のようなNGOは，スケトウダラ漁業に関して三つの大きな問題点を指摘している．まず，2006年から2009年にかけての資源量と漁獲量の減少は全体的な漁獲率が高すぎた，つまり，管理の失敗のせい，というのが彼らの見解である．彼らがさらに重要と考えている問題は，海産哺乳類や海鳥の食糧となるスケトウダラを漁業が奪ってしまうことである．とくに，絶滅危惧種であるトドは，1960 年代から 1980 年代に大幅に減少した．現在でも，アリューシャン列島のトド個体群はまだわずかに減少し続けている．そのうえ，東ベーリング海とアリューシャン列島の海鳥や海産哺乳類の多くも長期的に減少しており，漁業が彼らの食糧であるスケトウダラやその他の魚を奪ってしまっていると考えられている．

最後に，スケトウダラ漁業は他の魚種も多く漁獲する．とくにサケ・マス類の混獲には特別な関心がもたれている．これは興味深く，また，複雑な問題だ．スケトウダラ漁業は，漁獲対象種 1t あたりに対する非漁獲対象種のトン数といった混獲の「率」で考えると，世界でもっとも混獲率が低い漁業の部類に入る．しかし，漁獲量が非常に大きいので，混獲の「量」としてはかなり大きくなる．たとえば，マスノスケ（キングサーモン）が何万 t も混獲されるような年もある．混獲率で考えれば，スケトウダラ漁業は他の種にほとんど影響を与えることなく海から食料を得る好例のように見える．一方で，非漁獲対象種の量で考えると，スケトウダラ漁業は NGO による批判の格好の標的となってしまうのである．

第 5 章
経済乱獲

乱獲とはたんなる生物学的な問題だろうか？

太平洋でのオヒョウ（図 5-1）漁業といえば，長い間，持続的管理の際立った成功例と考えられてきた．アメリカとカナダは，1923 年，太平洋沿岸のオヒョウ資源を共同で管理するため，国際太平洋オヒョウ委員会（International Pacific Halibut Commission：IPHC）を設立した．オヒョウ資源は 1940 年代以来ずっと健全で，一度も乱獲状態になったことがなく，1990 年代には過去最大の資源量に達した．

しかし，それですべての人が幸福になったわけではなかった．アラスカの主要な漁業であるオヒョウ漁業は，オープンアクセス（open access）な漁業だった．漁獲したい人は誰でも，わずかな料金でライセンスを買うことができた．その当然の結果として，漁船の数は増加し，1950 年代の数百隻から，1980 年代にはアラスカだけで 4,000 隻にもなったのである．しかし，その分漁獲枠が増えるというわけではなかったので，漁船の数が増えるにしたがって漁期はどんどん短くなった．1960 年代には 4 ～ 5 ヶ月間あった漁期が，1990 年代はじめには，わずか 1 日で漁が終了してしまう漁場も見られるようになってきた．オヒョウ漁業は「ダービー漁業」となったのである．ダービー漁業とは，解禁の合図とともに数千もの漁船がいっせいに釣り糸を垂らし，24 時間後に一斉に竿を上げる，というような漁業のことである．

図5-1. オヒョウ（写真提供：International Pacific Halibut Commission）.

その当時のオヒョウ漁は危険をも伴った．解禁日がたまたま時化にあたった場合，漁業者は難しい選択を迫られた．稼ぎをあきらめて家にいるか，漁に出て命を危険にさらすか，のどちらかを選ばなくてはならないのである．実際，漁に出た漁業者の多くが海で命を落とした．

オヒョウは延縄（はえなわ）という漁具で漁獲される．延縄は，数マイルにわたる強靱な釣り糸に，餌のついた針が均等な間隔でつけられたもので，海底に設置される．漁期が終わるまでに回収しきれないほどの延縄が設置されることもよくあった．回収されなかった延縄は，誰にも食べられることのない魚を餌がなくなるまで漁獲し続けることになる（私たちはこれをゴーストフィッシングと呼んでいる）．

新鮮なオヒョウには高値がつき，最高級レストランに仕入れられる．しかし，漁期がたった1日で終わってしまうため，何百tものオヒョウを冷凍せざるをえず，新鮮なオヒョウの付加価値は失われていた．1990年代はじめまでに，アラスカのオヒョウ漁業は，生物学的に成功を収めているにもかかわらず，経済的な無駄が多いことが明白になっていた．

漁業者に漁獲枠を配分する個別割当制（IFQ）とは何だろうか？

1995年，アラスカのオヒョウ漁業はオープンアクセス漁業から個別割当制（Individual Fisherman's Quota：IFQ）と呼ばれる方式に変更された．オープンアクセス漁業だったときは，実際の漁獲量が許容される漁獲枠（Total Allowable Catch：TAC）にできるだけ近くなるように漁期の長さが調整されていた．IFQでは，全体の漁獲枠が個々の漁船やライセンス所持者にあらかじめ配分される．この配分量は個々の漁業者にあらかじめ知らされ，それぞれの漁業者は自分に割り当てられた漁獲枠の範囲で漁獲するのが許される．

IFQは，その漁船の過去の漁獲量が総漁獲量のうちどのくらいの割合を占めたか，という実績に基づいて配分されるのがふつうである．しかし，漁船の大型化への投資といった他の要因が考慮されることもある．また，漁業者が病気にかかって漁獲量が思わしくなかった場合などが配慮されることもある．

IFQによって個々の漁獲枠があらかじめ与えられることで，漁業者は，いつ，どのくらいの大きさの漁船で漁をおこなうのかを自由に選択できるようになる．また，自分の持ち分を他の船に売ったり貸したりできる場合もあり，そのような制度は，譲渡可能個別割当制（Individual Transferable Quota：

ITQ）と呼ばれている．アラスカのオヒョウ漁業では，割り当てを譲渡することはできるが，一部の人によるITQの買い占めを防ぐため，総漁獲量の0.5%より多い割り当てを個人が所有することを禁止している．

IFQの利点は何だろうか？

IFQは漁船の先獲り競争を終わらせた．他の漁船よりも多く漁獲するために，より大きな漁船を買う必要はなくなった．オープンアクセス漁業で稼ぐには，他の漁業者より先に魚を多く獲る必要があった．一方，IFQ漁業で稼ぐには，魚を獲るのにかける時間を減らし，高い値段で売れる質の良い魚を持って帰ってくることが重要になる．

IFQでもっとも重要な点は，漁業者が安全を確保できるようになるということだ．出漁できる時期を制限されることがないため，嵐のときには港にいるか，安全な場所に避難していればよい．お金をかけて買った漁具を捨てるような理由もなくなるので，ゴーストフィッシングもほとんど起こらない．

結果として，IFQ漁業では収益性が非常に高くなるのがふつうである．また，IFQがITQになると，漁業者は自分の割り当てを売り払って引退することもできる．

ほとんどの漁業はあまりにも多くの漁船があまりにも少ない魚を追い回す状況に悩まされており，それによって（漁業への投資分を回収できないため）漁業者は引退したり転職したりするのが難しくなっている．必要以上の漁船があるなかでは，漁船や漁具への投資はほとんど意味がない．しかし，ITQのもとでは，漁獲枠という売買の価値がある資産を手に入れた漁業者の多くが，漁業を続けてもっとたくさん獲りたいという人に漁獲枠を売ることになる．こうした売買によって漁船の数は減っていく．

さらに，水揚げされる魚の質は飛躍的に向上した．今や漁獲されるオヒョウの大部分は鮮魚として1年中市場に流通している．それこそが，IFQがもたらしたもっとも美味しく，もっともありがたい恩恵だ．ITQの価値が高くなることで，大きな配分をもつ漁業者には大きな富がもたらされるようになった．多くの場合，ITQの市場価値は1年分の漁獲量の価値よりもずっと高いのである．

たとえば，2009年のオヒョウの平均水揚げ価格は1ポンド（454g）あたり 2.33 ドルだったが，オヒョウ ITQ の平均価格は 1 ポンドあたり 19 ～ 22 ドルだった．ITQ の価格が 1 ポンドあたりの水揚価格の 8.8 倍ということは，毎年 10 万ドル分を漁獲する漁業者はおよそ 88 万ドルで ITQ を売却することができるということだ．個人が所有する ITQ の価値が 10 万ドル，ときには 100 万ドルを超えることも珍しくはない．経済的に非効率な先獲り競争のためにオープンアクセス漁業では存在しなかった富が ITQ によって生み出されたのだ．

IFQ に欠点はあるか？

IFQ や ITQ には多くの利点があるものの，やはり，それですべてが薔薇色になるというわけではない．漁船の数が少なくなるに伴って，当然，船のオーナーや船長，乗組員として雇用される人の数も少なくなる．あまりにも多くの数の漁船があまりにも少ない魚を追い回す状況を考えると，漁船の数は少ない方が良いだろう．しかし，漁村社会にとって，雇用先が減ることの社会的な負担は重く，とくに，漁業に関連するサービス産業（造船所・燃料補給用ドック・網の製造業・小売業）も失われていくことを考えると，影響はさらに大きくなる．漁業者が漁船にかける支出を削減することで，必然的に，それに関わる産業の売り上げや雇用が少なくなるのである．

ITQ が伝統的な漁村社会の外側へ流出することもある．ITQ の所有者が漁村から都会に引っ越すこともあるだろうし，もっとよくある例として，銀行からの援助や資金を手に入れやすい町や都会の人々に ITQ が売却されることもある．漁業に参入する費用が何百万ドルもかかるような場合，都会から離れた小さな地域社会で生活する人が漁業に参入できる可能性は小さくなる．ITQ 制度が生み出す富そのものが，ITQ 制度のなかで問題を引き起こす最大の要因となりうるのだ．最初に ITQ を与えられた漁業者は，初期の利益のすべてを得ることができる．公的な資源を特定の数人に与えることは，ITQ を売り払って引退した特定の人だけが億万長者になれることを意味している．しかし，初期の ITQ 保持者がすべて漁業から引退したあとに，新しい参入者が同じような棚ぼた式の恩恵を授かることはない．ただ，解禁日のたった 1 日のために博打を打つのでなく，自分で好きなときに漁をして得た安定した漁獲によって，安定した経済的利益を得ることはできる．

IFQ や ITQ 制度を運用する際の仕組みは，漁業管理が最終的に何を目標とするかによって大きく異なる．

ニュージーランドの例を見てみよう．ニュージーランドでは経済的な効率性が重視されており，雇用については市場に委ねられている．少数の大企業または漁業に従事していない投資家が ITQ を所有する割合が増えている．海の上で実際に魚を獲る漁師は，給料制か獲った量に応じた歩合制で賃金が支払われ，ITQ を所有していないのがふつうだ．そこでは，ITQ へ投資するリスクは他の資産へ投資するリスクと同じなのである．

一方，アラスカでは，漁業者自身が ITQ を所有できるような入念な方策がとられている．ITQ を新規に購入した人は実際に漁船で魚を獲らなければならない．これにより，ニュージーランドで見られるような，自分たちで漁をしない投資家の参入を防ぐことができる．

経済乱獲とは何か？

経済乱獲とは，最大の利益を得られる漁獲圧を超えて漁獲してしまうことである．

「漁獲圧」とは，漁船の数と「漁獲努力量」の掛け算で表される．漁獲努力量とは，漁船の操業日数や設置された網の数，垂らされた針の数にあたるものである．ある水準の努力量で漁獲したときに個体群あるいは生態系から最大の漁獲量を持続的に得ることができるとすると，その水準を越えて努力量をかけてしまった場合，生産乱獲になる．同様に，最大の利益をもたらす努力量水準を超えて漁獲すれば，それは経済乱獲になる．

一般に，利益を最大にする漁獲努力量は，漁獲量を最大にする漁獲努力量よりも小さいところにある（図 1-1）．漁業からの利益は収入と支出の差である．そして，収入は漁獲量に，支出は努力量に依存する．したがって，漁獲量を最大にする漁獲努力量から，漁獲努力量を 10％削減すれば，支出も 10％削減できる．しかし，収入（漁獲量）は 1 ～ 2％しか下がらない．結局，努力量を少し下げることで，利益は大きくなるのだ．もちろん，正確にどのくらい下げるべきかは資源や漁法によって異なるが，このことは一般に成り立つことである．

さらに，オヒョウの価格は漁獲量が少なくなるほど高くなる傾向があるため，漁獲量を減らしても収入はそれほど下がらないだろう．

利益の最大化をめざす漁業では付随的な効果も期待できる．努力量を減らせば，環境への影響も小さくなる．それによって資源量は増加し，資源量の変動をより抑えられるかもしれない．混獲が少なくなり，脆弱な生息域に漁具が与える悪影響も小さくなる．

世界の漁業の経済的な効率性は？

あまり効率的でない，というのが端的な答えだ．

2009 年，世界銀行と国連食糧農業機関（Food and Agriculture Organization of the United Nations：FAO）は共同して「失われた数百億ドル：漁業改革の経済的正当性」と題した報告書を発表した．その報告書では，2004 年に世界でおこなわれた漁業のうち 75％で過剰な漁獲がなされており，それによって失われた利益は年間 500 億ドルにのぼる，と試算されている．この失われた 500 億ドルはその年の全水揚げ金額の 64％に相当する．漁業が本来もっている経済的な価値の大部分が，過剰な漁獲努力と過剰な補助金によって浪費されているのが現実なのである．2000 年には，漁業への補助金だけで 100 億ドルも費やされた．その大部分は石油価格の高騰に対する補助金であった．

どうやって経済乱獲を防ぐか？

経済乱獲を防ぐには，漁獲努力量の拡大をあと押しするような補助金を廃止し，魚の先獲り競争をなくすことが必要だ．

かぎられた人にだけ魚を獲る許可を与え，その人たちの間で漁獲量を配分するようにすれば，先獲り競争はすぐに終わる．漁獲量の割り当ては IFQ をとおしてか，漁業団体や共同体に漁業権を与えることで実施できる．ただし，漁業団体や共同体に漁業権を与える場合は，その団体の内部で漁獲量が公平に配分される仕組みが必要となる．補助金は，経済的に最適な数以上に漁船を増やしてしまう傾向がある．補助金をなくせば，漁業船団が必要以上に大きくなってしまうようなことを防げる．

沿岸から 200 海里以内の漁業資源に排他的な管理権を認めた 200 海里排他的経済水域（200-mile Exclusive Economic Zone：EEZ）の導入は，きわめて重要な出来事で，まさに拍手喝采で迎えられるべきものであった．ついに魚の先獲り競争を止めさせる合法的な枠組みが設置されたのである．外国漁船が他国の沿岸で略奪行為をすることが許されているかぎり，漁獲圧を削減するのは不可能だった．そこで利益を得られるかぎりは，誰かしらがそこで漁獲をおこなってしまうだろうから．これは200海里の外でいまだに存在している問題だ．

1968年，ギャレット・ハーディンは「共有地の悲劇」と題した論文を発表した．この論文は，今までにもっとも大きな影響力をもった科学論文の一つである．その論文のなかで，漁業資源のように複数の人によって利用される共有資源は必ず乱獲される運命にある，と述べられている．IFQやITQを支持する人々は，個人に漁獲権を配分することで共有地の悲劇の問題を解決できると考えている．しかし，IFQやITQが少数の利益のために公共資源を私物化することにあたるとして，これに反対する人もいる．

漁業を私物化することなしに共有地の悲劇を回避する方法はあるか？

2009年，エリノア・オストロムは，まさにこの問題に対する業績によってノーベル経済学賞を受賞した．彼女の研究によって，多くの共有資源はうまく管理されていること，そして，そのような資源では，共同体が適切な資源の利用率を決め，協力し合って管理をおこなっていることが示された．彼女は，強いリーダーシップ・社会的な団結力・資源の排他的利用といった特徴を共同体がもつとき，共有地の悲劇が回避され，資源を持続的に利用できるようになることを発見したのである．ウルグアイのニコラス・グティエレスは，博士課程の研究の一部として，漁業者自身が漁業管理のなかで重要な役割を担っているような共同管理漁業の事例を調べた．200件ほどの事例を調査した結果は，漁業においてもオストロムの研究結果が支持されることを示すものであった．

地域振興漁獲枠とは何か？

アラスカで使用されている地域振興漁獲枠（Community Development Quota：CDQ）は，漁業から得られる富の一部を地域共同体全体に配分するというものである．

CDQ では，過去の漁獲量に基づいて漁業枠を漁業者に割り当てる際，漁獲枠の 92％が漁業者に割り当てられ，残りの 8％は CDQ として沿岸地域の共同体に割り当てられる．地域共同体は，与えられた漁業枠を使って自分たち自身で漁獲をおこなうか，その権利を人に貸すかを選ぶことができる．沖合のスケトウダラ・カニ・タラ漁業では，92％の枠のほとんどを所有する漁業会社に CDQ が貸与されている．それにより地域共同体は収入を得ることができ，また，CDQ の枠を貸与する際に，漁業会社が地域の人を漁船で雇用するといった条件をつけることもできるようになる．オヒョウ漁業の CDQ の大部分はその地域を拠点として操業する漁船のために使用されている．

CDQ の規定には「CDQ の枠の貸与による収入は共同体に直接分配せず，漁業に関連した活動に使用されなければならない」という制約があり，それが CDQ の規定のなかで一工夫されている点である．その規定にしたがい，CDQ からの収入の多くは，枠を貸している会社の株所有権を買うのに使われている．結果として，アラスカにおける相当数の地域共同体が，大きな漁業会社のなかで過半数を占める重要な株主となっている．

セクター割当とは何か？

セクター割当は IFQ のより一般的なかたちの一つで，個人でなく，ある特定のグループに漁獲枠が割り当てられる．その場合，そのグループ自身で割り当てられた漁獲枠の使い方を考案する必要がある．先獲り競争をおこなうか，IFQ システムを作るかをそれぞれのグループで選ぶことができるのである．

大規模なセクター割当のシステムは，東ベーリング海のスケトウダラ漁業において，海上での加工能力をもつ工場型の底引き船団に対して実施されている．全漁獲枠のうち 40％がその底引き船団に割り当てられており，底引き船団のなかでは，個別船舶割当制（Individual Vessel Quota：IVQ）に似た特徴を持つ配分方式が考案されている．IVQ は，その海域で漁獲許可をもつ個々の船や会社に，そのセクターに与えられた漁獲枠を配分するやり方である．このシステムは目覚ましい利益をもたらした．かつて先獲り競争をやっていたころ，短い漁期の間に海上の加工船には魚がぎゅうぎゅうに詰め込まれていたものである．一方で漁期が終わると，漁船は何ヶ月もやることがなくなり，ただじっと岸壁に停泊しているしかなかった．それが今では，漁船の数は少なくなり，長期間にわたって稼働するようになった．先獲り競争が消滅したため，水揚げ物1tが製品として利用される割合はほぼ2倍になった．そして利益もまた同様に大きくなったのだ．

2010年には，ニューイングランドで大規模なセクター割当が実施された．このセクター割り当ては，同じ漁具を使用する同じ港の漁業者グループが，自分たちのグループの過去の漁獲実績に基づいて漁獲枠の配分を要求する仕組みになっている．この仕組みがうまくいくかどうかは今後明らかになっていくことだろう．

漁獲の配分には他にどんな方法があるか？

地域漁業権（Territorial User Right to Fish：TURF）は，長年にわたって用いられてきた伝統的な漁業管理手法の一つである．地域共同体が所有する権利で，それにより特定の場所を排他的に利用することができる．小規模漁業を扱う第11章で，チリで地域漁業権が実施された例を紹介しよう．

石油，ガス，そして，テレビや携帯電話の電波の賃貸借契約と同じように，漁業権も競売にかけるべきと主張する経済学者は多い．IFQで漁業権を譲渡するかわりに，それを競売にかけるのである．ワシントン州では，価値の高い大きな二枚貝のアメリカナミガイの漁獲権が競売にかけられている．それによって，州は毎年約1,000万ドルの収入を得ることができ，そのうちのおよそ200万ドルが調査と管理のために使われている．おそらくこの漁業はアメリカで唯一，漁業権からの収入が漁業管理に対する支出よりも多い漁業だろう．ただ，実際にそのような仕組みを導入しようとすると，漁業者はそれに反対するものだ．漁業権を競売にかけることへの提案がなされるような場合というのは，たいてい漁業者が財政的に困難な状況になっているようなときである．そのようなときに漁業者は，漁業権を競売にかけることが自分たちの状況をどのように改善するのか，理解することができないものなのだ．

別の方法として，IFQと競売を組み合わせる方法も提案されている．その方法では，最初，漁業者にIFQが与えられるが，しばらくしたあと（おそらく10年くらい），IFQの一部が競売のため州に戻される．これによって，経済的な理由から IFQ プログラムに移行したいと考える漁業者が出てくるが，その一方で，長期的には漁業からの富が州に還元されることにもなる．ただ，私が知っているかぎりでは，この方法が実施された例はまだない．

第6章

気候と漁業

漁業資源は気候変化からどのような影響を受けるか？

ニシンは世界でもっとも数が多い魚のうちの一つで，何世紀もの間，さまざまな国や地域の経済的な基盤となってきた．1855年のスコットランドでは，9万5千人を超える人々がニシン産業に従事していた．1864年のニシンに関する研究論文のなかで，英国の科学者ジョン・ミッチェルはキュビエ（18，19世紀の偉大な博物学者）の言葉を引用してこう書いた．「コーヒー豆・茶葉・熱帯域の生物種・カイコが国の財政に与える影響は，北海のニシンほど大きくはない．それらの製品は贅沢や気まぐれによって求められるもので，必需品ではないからである．過去の偉大な指導的政治家たちは，もっとも賢明な政治経済学者でもあった．そして彼らは，ニシン漁業こそもっとも重要な海洋資源と捉え，それを“偉大なる漁業”と名付けたのだ」．1950年から2000年の間に，大西洋のニシンの漁獲量はのべ1億tにも達し，それは世界の全漁獲量の約5%を占めるものだった．

ヨーロッパには非常に大きなニシンの個体群が二つある．一つはノルウェーで春に産卵するニシンで，1,200万tもの資源量がある．もう一つは北海のニシンで，資源量は約150万tである．現在，北海のニシンの大部分は7月から10月にかけてスコットランドの北東沿岸域で産卵するが，過去には北海全域で産卵していた．ニシンは，基本的に小さい石や粗い砂利からなる海底に卵を産みつける．卵が孵化すると，海流によって北海の東側やスカゲラク・カテガット海峡（デンマークとスカンジナビア半島の間にある海峡）まで運ばれ，そこで2年間ほどかけて成長する．

ニシンやその近縁種の資源量が大きく変動することはよく知られている．資源の健全さを測るもっとも良い方法は，産卵できる個体の総重量（親魚資源量）を知ることである．ノルウェーで春に産卵する系群の親魚資源量は，1950年の1,400万tから1970年代初期の数千tにまで減少したが，2008年までに1,200万tまで回復した．北海の系群は，1960年代に200万t以上あったものが，1970 年代後半に 10 万 t 以下にまで減少し，現在，150 万 t まで回復した．ほとんど 100 倍以上にわたる資源量の変動は，ニシン・マイワシ・カタクチイワシの多くの個体群で見られている．

ニシンの幼生や幼魚がどのくらい生き残るかは海流と餌の状況で決まる．餌となるプランクトン（微小な浮遊性の植物や動物）は幼生の生き残りにとって非常に重要で，ニシンはこれらのプランクトンが 1 年のなかで爆発的に増える時期に合わせるように産卵をおこなう．そのタイミングがちょうど良いと，幼生は多くの餌を得ることができ，多くが生き残る．しかし，タイミングが悪いと，幼生はほとんど餌を見つけることができず，成長が遅くなり，生き残れるのはほんのわずかになる．

天候が常に同じでないことは，誰もが知っていることだ．猛暑の翌年には冷夏がくるかもしれない．暖冬もあれば，ものすごく厳しい冬になることもある．それでも，良い年も悪い年もそう長くは続かないとふつうは考えるであろう．しかし，近年，エルニーニョと呼ばれる気候現象が一般にも知られるようになってきた．エルニーニョが起こると，東太平洋の赤道域で何年も暖かい年が続き，そして，それが地球全体の気候に大きな影響を及ぼすことがわかっている．さらに，ある一定の海洋の状態が数十年規模で続くような現象も発見されている．それはここ 20 年で，気候学者・海洋学者・漁業学者により明らかにされてきた．もっとも有名なものの一つが太平洋十年規模振動（Pacific Decadal Oscillation：PDO）だ．これは，北太平洋で起こり，平均からのずれが正か負かの二つの状態（レジーム）をもつ．正のレジームでは北アメリカの西海岸沿岸の海水が通常よりも暖かくなる．負のレジームでは，その暖かい水が太平洋西部に移動し，アメリカとカナダ沿岸域の水温が平均よりも低くなる．1950 年代から 1970 年代にかけての北太平洋は負のレジームになっており，それ以降は正のレジームとなった．これは，すべての年で暖かく，または，寒くなるという意味ではない．しかし，海流や海水の循環を駆動する気候が，特定のパターンに長期間支配されることとなり，結果として，魚もそのパターンの影響を受けることになるのである．

PDO は，1970 年代の後半，アラスカのサケの遡上が劇的に増加したことから認識されるようになった．湖の堆積物の調査の結果，現在，サケの資源量は数百年にわたって数十年周期の大変動を繰り返していたとことがわかっている．北大西洋でも PDO とよく似た現象が二つある．これらは北大西洋振動（North Atlantic Oscillation：NAO）と北極振動と呼ばれ，アイスランド低気圧システムとアゾレス高気圧システムという二つの大きな気候システムを制御している．つづいて，これらの気候システムは風と海流に影響を与える．最終的に，数十年周期で海洋の状態が変化し，これが，ニシンの生き残りが良い時期・悪い時期の違いの原因になっていると考えられている．とは言っても，ほとんどの場合で，特定の環境条件と毎年の生き残りの良し悪しの因果関係を直接的に証明することはできていない．

漁業管理においてもっとも長く続いている論争の一つは，若い魚が生き残って最終的に漁業資源として加入する魚の量（加入量）に，環境条件と親魚資源量のどちらがより強く影響を与えるか？というものである．環境条件を重視する気候派は，気候変動による加入量の変動は漁業管理でコントロールできる範囲を大きく超えていると主張している．一方，親魚資源量を重視する加入乱獲派は，基本的に，何匹の魚が生き残るかは最初に産卵される卵の数，つまり，親魚資源量に依存すると主張している．資源が乱獲されているとき，一生のうち2回以上の産卵のチャンスに恵まれるほど長生きするような魚はほとんどおらず，また，1回も産卵のチャンスに恵まれない魚もいる．そのような状況下で環境の悪い年が続けば，産卵魚が十分に残されていないことによって，個体群が回復しなくなるかもしれない．なぜ資源が少ないのか？ということを理解するためには，やはり「乱獲」に対して目を向けなければならない．

20世紀の後半，これら二つの学派の優劣関係は大きく変化した．親魚資源量と加入量の間にほとんど関係が見られなかったため，1980年代には気候派が優勢だった．しかし，多くの資源でひどい乱獲がおきた1980年代から1990年代には，親魚資源量が減ると加入量も減ることが明らかとなり，1990年代後半までには加入乱獲派が息を吹き返し，優勢を占めるようになった．現在用いられている乱獲の定義はこのことを考慮したものである．もし資源量が特定の「乱獲の閾値」よりも少なくなると，管理措置として漁獲圧を著しく下げるように勧告される．このことは，気候と漁業の両方が魚資源の変動の要因と考えられていることを意味している．状況が良いときには安全なレベルの漁獲圧でも，状況が悪くなると資源に深刻なダメージをもたらすかもしれないので，漁獲圧を下げる措置を講じてやるのである．

2010年までに，二つの学派の論争は休戦状態になった．今や，ニシンや他の多くの種で，気候が加入量に大きな影響を与えている証拠は厖大に得られている．1990 年代や 2000 年代初めに過去最低レベルにまで資源量が減少した多くの資源で，好適な気候になるといっせいに，高い，ときには過去最高レベルになるほどの加入量が見られるようになった．その一方，気候の影響によって加入量が少ないときには，親魚資源量もまた減少した．その結果，親魚資源量が少ないために加入量が少ないように見えていたものが，じつはまったく正反対だったかもしれないというパラドックスにいき当たった．つまり，加入が少ないために親魚資源量が少ない，ということである．しかし，それと同時に，常識的に考えてもそうではあるが，多くの漁業資源に関する生態学的研究によって，安全を考えれば親魚資源量を一定レベル以上に保つ方が良いことも示されている．それにより，今やほとんどすべての漁業管理方策は将来の良い加入への保険として親魚資源量を一定レベル以上に保つことを目標とするようになっている．

ノルウェーの春産卵ニシンや北海のニシンの資源状態と管理を考えると，このバランスのとれた考え方が反映されていることがわかる．資源量の減少は気候によるものだが，過剰な漁獲がそれに拍車をかけたと考えられている．これら二つの系群に対する現行の漁業管理方策では，漁獲率の削減に加えて，これよりも減らしてはいけないという親魚資源量の閾値も同時に設定されている．

気候の影響を受ける漁業は多いか？

程度の差はあれ，すべての漁業が気候の影響を受けるだろう．では，漁業管理をする場合，近い過去や将来の気候の変化を考慮しなければならないのだろうか？従来の漁業管理機関は，気候変動を無視し，資源の生産性が毎年ランダムに変わることで資源変動が起こると考えてきた．しかし，太平洋十年規模振動が魚の個体群に影響を与えることが明らかになってから，たんなるランダムな年変動でなく，数十年スケールでの生産性の変化（レジームシフト）に目が向けられるようになってきた．

最近の研究から，このようなレジームシフトは漁業資源の半分以上で重要であるだろうことが示されている．このことは管理にどのような影響を及ぼすだろうか？レジームシフトのことを考慮すれば，良いレジームのときには悪いときよりも高い割合で漁獲できるように思う．しかし，悪いレジームに入り，資源の生産性があまりにも低くなってしまったときには，来るべき良いレジームに「資本」を残すために，すべての漁業をやめざるを得なくなってしまう．良いレジームに入ったときにほとんど魚が残っていなかったら，資源が回復するのにより長い時間がかかってしまうことになるからである．

漁業が開始される何百年も前の歴史がわかるような漁業資源は他にあるか？

1969年，カリフォルニアにあるスクリプス海洋研究所の二人の生物学者，アンドリュー・ソウターとジョン・アイザックスは，漁業に対する従来の考え方を大きく変えるような革命的な論文を発表した．彼らは，沿岸域のある場所で海底のコア（深い地層まで切り取って採取した底質の土）を採取し，そこに過去の魚の鱗が堆積しているのを発見した．それは無酸素堆積と呼ばれる特別な現象で，十分な酸素がないためにバクテリアが魚の鱗を分解できないような場所で見られる．そこでは，遺跡の発掘と同じように，海底を深く掘るほど昔の時代の魚の鱗を見つけることができるのだ．これによって，さまざまな種が昔どのくらいいて，どのように変わってきたかを推定できるようになった．

この研究でもっとも興味深いのはカリフォルニアのマイワシについての結果だ．1950年代，カリフォルニア沖のマイワシ系群は崩壊した．しかし，2000年にわたる記録を調べた結果，現在の企業的な大規模漁業が開始される以前から，このマイワシ系群は周期的な個体数の増減を繰り返していたことが明らかになったのである．1950年の崩壊は，多くの資源崩壊のなかの一つ（但し，その程度は今まででもっとも深刻だったかもしれないが）にすぎなかったのだ．ソウターとアイザックスが使った方法は他の海洋生態系でも多く適用された．その結果，数が非常に多いマイワシやカタクチイワシについては，ヨーロッパやその他の場所で記録されていた漁獲量が示している変動パターンと同じように増加と減少の繰り返しが常に見られた．

さらに，北太平洋周辺の十数個の湖に生息するサケの一種に対して，資源量の過去の歴史を調べるために，窒素安定同位体を使って同様な分析がなされた．その研究から，太平洋十年規模振動は数百年前まで遡れることが明らかになった．資源量の増減はマイワシやカタクチイワシで見られたほど顕著でなかったものの，これによって資源量と自然の変動についてより深く知ることができた．つまり，気候が鍵になっているのはたしかなのだ．

気候と漁業，どちらが資源を減少させているのか？

資源が減少しているときはいつも，この問題が世界中の漁業管理者の頭を悩ませることになる．残念ながら，気候がどのようにして漁業資源の生産性に影響を与えるのか正確なところはほとんどわかっておらず，「2℃水温が上がったので生き残りは5％減少するだろう」といった単純な予測すら不可能なのだ．この問題は，生産性の高い気候レジームから低いレジームに移るときにとくに深刻になる．というのは，このような状況のときは，たとえ漁業をしないとしても資源量が減少するのは当然だからである．生産性が高く，その結果として高い資源量が得られたあとに，生産性も資源量も低い時期が訪れた場合，それをどのように説明すればいいのだろうか？漁獲圧が資源量を減らし，それが低い生産性を招いたのか？それとも，気候が悪くなったことで生産性が低下し，それによって資源量が少なくなったのか？さらにややこしいことに，この二つの不幸な組み合わせが原因なのだろうか？この答えを得るには，気候がどのように資源の生産性に影響を与えるかを本当に理解できるようになるまで何年も待つしかない．現状では，気候と乱獲の両方が漁業資源の生産性に影響を与えているということしかわかっていない．ただ，両者の相対的な重要性がどうであれ，資源が減少しているのなら，良い状態が戻ってきたときに有利になるように，十分な親魚資源量を維持しておくというのが手堅い選択ではある．

海洋の温暖化は漁業にどのような影響を与えるか？

海洋が平均的に暖かくなっていて，それが魚に影響を与えていることは疑いようがない事実だ．北半球では，多くの種が毎年北に移動しているのが確認されており，暖かい気候にうまく対応できている種もいれば，そうでない種もあることが報告されている．魚がすべて極の方に移動すればうまくいく，という単純な考えは短絡的すぎるだろう．植物や陸上の動物に比べれば，魚が南北に移動するのが簡単なのは明らかだ．しかし当然ながら，魚がそこでうまくやっていけるかどうかは餌（つまり，海洋の一次生産）に，そして多くの場合，生息環境にかかっている．多くの魚種の生産性は餌と生息環境の両方に依存するので，もし餌が極の方へ移動したとしても，魚にとって適当な生息環境がなければ，魚が餌を追っていくことはできないだろう．海洋の生産性は海流と海底地形の複雑な相互作用に依存している．とくに，大陸棚の場所と一次生産のもととなる栄養塩を深海から表層へ輸送する湧昇システムがどこにあるかが非常に重要なのである．

ノーベル物理学賞を受賞したニールス・ボーアはこう言っている．「予測は常に難しい．とくに，未来の事柄については」．温暖化が魚の個体群に与える影響についてさまざまな予測がなされているが，それらはまだ信頼性が低く，結論を急ぐべきではない．その代わり，海洋の生産性が変化することを見込んでさまざまな状況に順応できるような方策をとることが漁業管理にとって重要だろう．

海洋の酸性化の影響は？

乱獲や漁業管理の観点からすると，海洋の酸性化は気候変化のなかでもっとも恐ろしい現象と言える．大気中の二酸化炭素濃度が徐々に増加することによって，海洋は徐々に酸性化していく．たとえわずかな酸性度の変化も，殻を作る大小さまざまな生物の殻生成能力に影響を与えることはすでによく知られている．カキやカニ・サンゴのように人にとって価値が高い生物から海洋の食物連鎖の基礎を形成する微小な円石藻類や有孔虫類まで，すべての殻を作る生物は海洋が酸性化すると殻を作れなくなり，その結果，生き残ることができなくなる．このことについての理論的・実験的証拠はすでに十分に得られている．

一方で，酸性化で死滅する運命にある種が利用している太陽光を代わりに利用し，一次生産の役割を代わりに担うような種も登場してくるであろう．それによる一次生産はこれまでどおり食物連鎖を支えるかもしれない．これは暗いシナリオのなかでの一つの朗報ではある．しかし，どのような種がその役割を担い，それが海洋の食物連鎖にどのように影響を与えるかについてはまったくわかっていない．酸性化がより進行すれば，海洋もそこに生息する魚の種組成も完全に変わってしまうだろう．その結果，今までと同じように私たちの食卓が彩られるようになると考えるのは楽観的にすぎるかもしれない．

第 7 章
多魚種漁業

1種だけを漁獲するか？　複数種を漁獲するか？

1 種だけを漁獲する漁業は多い．世界最大の漁業であるペルーカタクチイワシ漁やアメリカ最大の漁業であるアラスカのスケトウダラ漁，ヨーロッパの大規模漁業であるニシン漁など，主要な漁業の多くがそうである．しかし，それ以外の漁業の多くでは，さまざまな種が同時に漁獲されている．漁獲される魚のなかには資源量が豊富で生産性が高い種も，乱獲の脅威にさらされていて保護を必要とする種も混じっている．そのため，単一種を漁獲している場合に比べて適切な漁獲圧の強さを判断するのはずっと難しくなる．

北海の底引き網漁業は典型的な多魚種漁業の一つだ．オランダ・デンマーク・イングランド・ドイツ・ノルウェー・スコットランド・ウェールズ・フランス・ベルギーの漁船が，北海でもっとも重要な魚種であるタラ（タイセイヨウマダラ）・モンツキダラ・ツノガレイ・シロイトダラを漁獲している．この漁業では，網を海中で引きずって魚を捕える底引き網が使われている．底引き網の網口から網のなかに入った魚は，水の流れに押されて網の終点の「コッド・エンド（cod end）」まで追いやられ，漁獲される（図 7-1）．

このような漁業は，複数の魚種を同時に漁獲するという点から，また，漁

図7-1. 底引き網漁（オッタートロール）の模式図（イラスト提供：水産総合研究センター）.

具が海底に影響を与えるという点から，環境保護団体が特別な懸念と関心を寄せるものとなっている．北海は，底引き網漁が盛んにおこなわれている世界有数の漁場の一つだ．1990 年代の半ばには，1 年間でのべ 200 万時間以上にわたって底引き網漁がおこなわれた．しかし，底引き網の漁獲圧はどこも同じというわけではなく，1 年に何度も漁がおこなわれる場所もあれば，ほとんど漁がおこなわれていない場所もある．

帆船からの小規模な底引き網漁は 14 世紀頃からおこなわれていた．しかし，1890 年代に蒸気船が広く使用されるようになるやいなや，大規模な底引き網漁が開始され，早くも 1900 年には北海の漁業資源の状態が懸念されるようになっていた．1900 年に，オックスフォード大学のウォルター・ガースタングは次のように語っている．「したがって，私の見たかぎり以下のことは疑いようのない事実である．つまり，底魚漁業は資源を枯渇させる可能性があるだけでなく，実際に，猛スピードで資源を減少させ続けていること，そして，たとえ好適な季節であったとしても，漁獲率は海の魚が繁殖して成長する率をはるかに上回っていること，である」．

現在の北海の海底は 100 年前とはまるで変わってしまっている．それと同じように，1900 年の北海は 1800 年の北海とは違ったものである．環境歴史学者のレネ・トウダル・ポールセンは，1840 年から 1914 年にかけてのクロジマナガダラとタラの個体数の変化を調べ，19 世紀にかなり豊富にいたクロジマナガダラがその後ほとんどいなくなったことを示した．ポールセンの研究と最近の調査の結果から，タラは 19 世紀から 20 世紀にかけて数が増え，1960 年代と 1970 年代にもっとも多くなったと考えられている．

ありがたいことに，1900 年初めの関心の高まりが契機となって，100 年前の北海で科学的な調査が実施されていた．それによって，20 世紀の 100 年間にわたっておこなわれた底引き網漁が魚の多様性や資源量をどのように変えたかを明らかにすることができた．漁獲の対象になっている種の資源量は 1900 年よりも少なく，そうでない種は多くなっていた．漁獲対象種が少なくなって種間の競争が緩和されることにより，他の種が多くなったのだろう．実際，種の全体的な多様性は 100 年間で増加した一方で，全体的な魚の数はほぼ変わっていないようであった．しかしもっとも重要なのは，漁獲対象種が平均的に小さくなっているということである．今日，どの種においても大型魚は本当に稀になった．このことは，魚の平均体重が小さくなっていて，その結果として，100 年前に比べて漁獲対象種の総資源量が少なくなっていることを示している．資源管理がきちんとなされている漁業でも，このようなことは当然の結果としてありうる．しかし，北海における重要な漁業資源の多くで，資源量は最大持続生産量を達成する資源量をはるかに下回っている．

多魚種漁業における一番の問題は，資源状態が健全な種を漁獲し続けながら，弱っている種を保護することが難しいことである．漁獲に対して脆弱な種も，不適な環境下におかれている種も，保護が必要な種も，そうでない種も，完全に区別して漁獲できるような網はあり得ないのだ．

その例が，タラとモンツキダラである．モンツキダラの資源量は現在，目標水準よりも上で健全な状態にあると考えられている．一方，2005 年のタラの資源量は目標水準をはるかに下回っており，2 〜 4 歳の魚の約半数が毎年漁獲されている．タラ資源を回復させるには，漁獲率を 20 〜 30％まで減らす必要があると考えられている．一方，非常に良い状態にあるモンツキダラの現在の漁獲率は 20％にすぎず，それ以上獲ることもできる．

しかし，モンツキダラだけ漁獲してタラは漁獲しない，ということがどうすればできるだろうか？良い資源だけを漁獲して悪い資源を漁獲しないためにはどうすれば良いのだろうか？

それには大きく分けて三通りのやり方があり，実際にさまざまな場所で試行されている．一つ目は「ホットスポット」を禁漁にすることである．種が違えば集まる場所も異なる傾向がある．そこで，より脆弱な種が集まる場所（ホットスポット）で漁業を禁止するのである．この試みが北海で実施されてはいるものの，禁漁の期間は短く，ホットスポットの面積も小さいため，効果のほどを判断するのは難しい．

二つ目の実験的な方法はモンツキダラがタラより漁獲されやすいように漁具を改造することである．網が近づいてきたとき，タラはより深く潜り，モンツキダラは逆に浮上する傾向がある．もし網のロープの最下端が海底より少し上にあれば，大部分のタラは逃げることができる．実際に，別の漁業では，底引き網を改造することでウミガメや海産哺乳類の漁獲を回避するのに大きな成功を収めている．

三つ目は，モンツキダラとタラがどこにいるかということを漁業者が知っていて，その気になれば漁業者がタラの漁獲をうまく避けてくれることを仮定するものである．しかし，この方法がうまくいくためには漁業者がタラの漁獲を避けたいという強い動機が必要となる．この方法が成功したカナダ西部の例では，船毎に個々の魚種に対しての漁獲枠が設けられている．もし一種でもその種に与えられた漁獲枠以上に漁獲した場合，別の船から追加の枠を借りることができないかぎり，その船は完全に漁業をやめなければならない．このシステムが機能するためには，オブザーバーが各漁船の漁獲物をすべて記録することが必須である．現在，カナダ西部とアメリカ西部ではオブザーバーの乗船率を100%とすることが求められている．ヨーロッパでこの方法が試された例はまだない．

多魚種を漁獲する漁法は底引き網だけではない．どんな網・釣針・罠でも，2種以上の魚を漁獲する場合がある．巻き網（巾着網）漁では，魚の群れを取り囲む大きな網が使われる．魚がいったん網に入ると，網の最下部が巾着のように絞られる．ニシンのように大きな群れを形成する1種だけを漁獲する場合もある．しかし，カツオやキハダの大群を漁獲する場合には，より価値の高いメバチに加えてその他の不必要なさまざまな種も網に入ってしまう．釣りも，それが漁業であろうが遊漁であろうが，やはりその大部分は多魚種を漁獲する．今のところこれは避けようのない問題で，それぞれの漁業ごとに解決していく必要がある．

ある魚種をどの程度漁獲して良いかということはどうやって決めるのか？

漁獲がない場合，毎年の資源量は加入量・成長量・自然の死亡量に応じて変動する．前の年と比べて個体群が増加した分は余剰生産量と呼ばれる（第2章，図2-2）．一般に，魚の資源量が少ないときには餌に対する競争が起こらないため，資源量は増加して，余剰生産量が正となる．資源量を一定に保つためには，増えた分，つまり，余剰生産量以上に獲ってはいけない．ヨーロッパにおけるタラ個体群の多くは乱獲によって資源量が非常に少なくなっている．しかし，平均的な余剰生産量が資源量の40～50%とかなり大きいため，かなり大きな漁獲圧で漁獲しても資源の完全な崩壊には至っていない．40～50%よりももっと小さい漁獲率で漁獲すれば，これらの個体群は増加し始めるだろう．実際，近年たしかに増加している個体群もある．対照的に，サメやエイの多くは出生率が非常に低く，持続的な漁獲率も余剰生産量も年にわずか数%にすぎない．

多魚種漁業で生産性が高い魚種と低い魚種をバランスよく獲るにはどうすべきか？

生産性の高い種と低い種の両方を漁獲する漁業において，どのくらいの強さで漁獲すべきかを決めるには二通りの考え方がある．一つ目の考え方は，生産性の高い種からできるだけ多く漁獲するようにすることである．しかしそれによって，生産性の低い種は減少し，その場所の個体群は絶滅してしまう可能性もある．これは漁業を新しく開始した当初に，生産性の低い種で実際によく見られたことである．二つ目の考え方は，もっとも生産性の低い種の資源量をできるだけ高い水準に保つように漁獲することである．しかしこの場合，生産性の高い種への漁獲圧はかなり低く抑えなければならず，このことは生態系から得られるはずの漁獲の多くをみすみすあきらめなければならないことを意味している．

多くの多魚種漁業から私たちが推定した結果によると，ある多魚種漁業全体の漁獲量が最大になるように漁獲する場合，全種のうち最大30%の種で資源量が非常に少なくなってしまうことが明らかになった．しかし，そこから漁獲圧を半分にしたとしても，漁獲量が実際に減る分は非常に小さく，おそらくは10～20%程度にすぎないことも推定された．そうすれば，多くの生産性の低い種は枯渇を回避することができ，すべての種の平均資源量は増加し，それとともに利益も増加するであろう．

多魚種漁業でどのように漁獲すべきか，という問題にはただ一つの答えがあるわけではない．しかし多くの理由から，全種を合わせた漁獲量を最大にする漁獲圧よりも漁獲圧を低く抑えることが強く奨励される．

過小漁獲とは何か？

過小漁獲とは，漁獲量または利益が持続的に最大となるような漁獲圧よりも，漁獲圧を低く抑えることである．これは，最大漁獲量よりも少ない漁獲量しか得られないという点では乱獲とそれほど変わらない．違うのは，乱獲が漁獲をしすぎたために少ない漁獲量しか得られないのに対して，過小漁獲は十分に漁獲しなかったために少ない漁獲量しか得られない，ということである．

経済的な観点での過小漁獲は，最大の利益を得るための選択肢の一つとしてありうる．以前に見たように，利益の最大化をめざす漁獲は，漁獲量で見た場合に過小漁獲となるのがふつうである（第1章，図1-1）．漁獲量については過小漁獲となるが，利益の面では過剰漁獲になることもある．つまり，ちゃんとした経済的理由によって過小漁獲は正当化できるのである．さらに，どんな漁業も生態系に影響を与えることを考え，経済的にも過小漁獲となるような選択をすることもあるかもしれない．

生産性の低い種の資源量を高く維持するため，生産性の高い種の漁獲はあきらめた方が良いのか？

単純な答えはないし，科学的に答えられるようなことでもない．先に述べたように，最大持続生産量より漁獲圧を低く抑えるのはより経済的で，環境への悪影響も小さく抑えられる．たしかにアメリカでは，すべての資源を存続させることが望ましいと法律で定められており，減少してしまったどんな生産性の低い資源も回復させることが法的に求められている．他の社会では，食料生産や収益・生態学的な影響・雇用など，それぞれが重視したい面に応じて異なった選択がなされるだろう．

多魚種漁業の問題を解決するために，どのような管理をすべきだろうか？

もっとも単純な方法は，漁獲圧を減らし，生産性の低い種に対する影響を小さくすることである．先に議論したように，禁漁区を設ける・漁具の改造をおこなう・生産性の低い種を漁獲しないように各漁業者が工夫するような動機を与える，といった選択肢がある．また，まったく別の漁法を使うというやり方もあるだろう．たとえば，罠による漁獲は，底引き網よりもずっと選択的に漁獲できるだろうし，さまざまな形態の釣りも底引き網よりはましかもしれない．しかし，漁獲枠は特定の漁法に対して割り当てられることが多いため，漁法の変更というのは管理機関にとって扱いにくい方法である．漁法ごとに漁獲量を割り振ることは，ある人には魚を与え，ある人には与えないことを意味している．自分が底引き網の漁業者であると想像してみよう．いきなり自分への漁獲の割り当てが減らされ，その結果，今までの漁具への投資も収入もすべて失ってしまうとしたらどうするだろうか？もしそれが自分なら，もちろん，利用できるすべての法的・政治的手段を使って闘うことになるだろう．

私が考える最善策は，漁獲枠を個人あるいは団体に割り当て，種ごとの割り当て内でうまく漁獲する方法を漁業者自身が工夫するように仕向けることである．その際には，いつ・どこで・どんな漁法で漁獲するか，といった選択を漁業者が自由にできるようにすることが肝要である．

第 8 章
公海漁業

CITES への掲載が提案されたクロマグロは今どうなっているか？

地中海の西部地方には，約 400 年間にわたって毎年おこなわれていた儀式がある．それはイタリアのシシリー地方で「マタンサ（matanza）」として知られる儀式である．まず，漏斗（じょうご）型の網を岸から近い浅い海に設置する．その網は，そこを通過するクロマグロを捕えるための巨大な罠で，クロマグロはだんだん細くなる通路に誘い込まれ，最終的に，死にいざなう小部屋にたどり着くようになっている．沿岸の多くの漁村において，マタンサは食料を得るための漁業以上のものとなっていた．それはマグロを獲る罠であり，マグロを殺して解体するために必要な協力体制を意味し，また，共同体の魂そのものでもあった．しかし，シシリーのマタンサはもう無くなり，網は巻かれたままで海岸線に横たわり，若者は新たな雇用を得るために都市へ去っていった．人々を海とクロマグロに結びつけた文化はほぼ完全に消滅したのである．

クロマグロは魚雷形をしており，とても速く泳ぎ，最大体重は 1,000 ポンド（約 500kg）を越すこともある，海のなかでもっとも印象深い動物のうちの一つである．また，最近の乱獲問題を代表する広告塔にもなっており，多くの人が絶滅の一途を辿っていると主張している．2010 年，大西洋のクロマグロはワシントン条約（CITES）の付属書 I に掲載されるべきだという提案がなされた．付

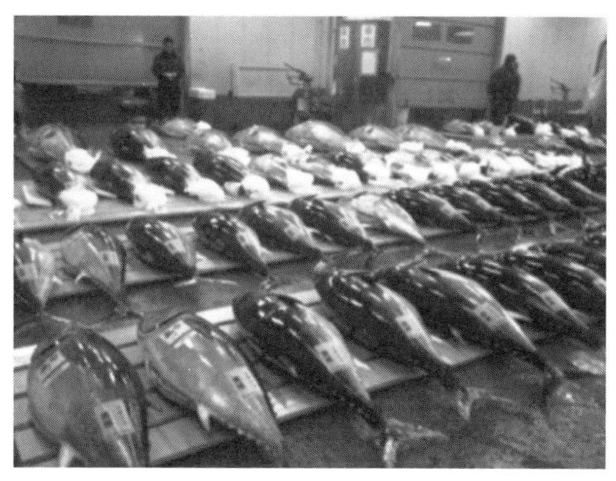

図8-1. 築地市場に並ぶ太平洋クロマグロ．メキシコで蓄養され，空輸されたもの（写真提供：境 磨氏，水産総合研究センター）．

属書Iは，大西洋クロマグロ製品の国際商取引をすべて禁止するものである．クロマグロは海洋生物のなかでもっとも大きな魚の部類に入る．生物を研究する人にとって，クロマグロは，冷たい海のなかで暖かい血液をもち，ものすごい速度で泳ぎ，何千マイルもの距離を回遊する自然の偉大な造形物のうちの一つである．寿司好きの人にとっては，世界でもっとも値段の高い魚で，世界の大部分のクロマグロが食される日本ではとくに，脂の乗った新鮮な腹側の肉は究極のごちそうとして扱われている（図8-1）．

大西洋クロマグロは地中海とメキシコ湾で産卵する．それぞれの個体群は遺伝的に分断されているが，回遊している間は互いに混ざりあう．地中海で生まれた系群は，数年間地中海に留まってから回遊を開始する．4歳から成熟し，少なくとも20年は生きる．メキシコ湾で生まれた系群の方がより高齢になってから産卵を始めることがわかっている．体の大きさや遊泳速度を考えると，彼らへの脅威となり得るのは，より大きくて泳ぐのが速い捕食者，たとえばシャチや大型のサメだけである．

1900年までは地中海のマタンサが唯一の大きな漁業で，1900年頃からは遊漁も発展してきた．脂肪が多すぎるため西大西洋にクロマグロの市場はなかった．しかし20世紀の後半に日本向けの輸出市場が開拓された．第二次世界大戦後，大型のマグロやカジキを漁獲するため，日本は外洋で延縄漁業をはじめ，そのなかでもクロマグロの価値はもっとも高かった．この漁業は1950年代に急速に成長した．外洋での漁業による地中海系群の漁獲量は1950年代に3万tのピークに達したあとに減少し，5千tから1万tの間で毎年漁獲されるようになった．その後，クロマグロにとって大きな脅威となる変化が起こった．それは地中海における若齢魚への漁業の拡大で，とくに，魚の群れ全体を漁獲する巻き網漁法が使われるようになったことである．1970年まで年間5千tから1万tで推移していた漁獲量は毎年3万tにまで増加した．巻き網による漁獲の影響はとくに大きかった．若齢魚1尾あたりの体重は成魚に比べると小さいため，漁獲された数は漁獲量以上に大幅に増加した．現在，成魚の大部分は東京の魚市場に船で運ばれる．若齢魚は生きたまま漁獲され，沿岸近くの生け簀（いけす）まで曳航され，餌を与えられて体重が増加したあとに殺され，やはり日本に送られている．

大西洋クロマグロの二つの系群のうち，より資源の規模が大きい東側の地中海系群の資源状態がとくに懸念されている．東側の大西洋クロマグロがどのくらい減少しているかは不確実であるものの，漁獲量が多すぎて資源量が少なすぎることは明白である．2009年，大西洋マグロ類保存国際委員会（International Commission for the Conservation of Atlantic Tunas：ICCAT）は，現在の資源量が最大持続生産量（MSY）を達成する資源量の20～70%で，違法漁獲や未報告の漁獲量を考慮すると，現在の漁獲量がMSYの2～5倍だとCITESに報告した．ICCATから独立しておこなわれた科学的な資源評価でも同様の結果が示された．この資源が乱獲されてしまっていること，漁獲率が相対的に高すぎることは疑いようもなかった．漁獲量の削減が緊急に必要なのである．

現状の資源状態から考えると，大西洋クロマグロはすぐにでも絶滅する，というわけではない．しかし，もし現状の漁獲圧がずっと続けば，絶滅もあり得るかもしれない．資源量が少なくなっている系群は他にも多くあるが，大西洋クロマグロは漁獲圧が非常に高いという点で際立っている．大西洋クロマグロにとっての最大の脅威は地中海の巻き網漁業だ．外洋の延縄漁業については，漁獲されるクロマグロの数が今以上に少なくなって（漁業として）利益があがらなくなることで，絶滅寸前となるずっと手前で漁獲圧が下がるかもしれない．しかし，巻き網漁業は群れで集まっているところを漁獲するので，最後の一匹になるまで獲り続けることができるかもしれないのである．

公海におけるマグロ資源の管理に責任をもつ国際的な漁業管理機関は五つあり，そのうちの一つがICCATである．これらの組織は同じ複数の理由からあまりうまく機能しておらず，とくにICCATではそれが際立っている．第一に，国際漁業管理機関では，通常，どんな管理措置の採択にも加盟国の全会一致か圧倒的多数の支持が必要となる．結果として，採択したい保護管理措置がなんであれ，採択の可否は採択に対してもっとも積極的でない加盟国の意思に委ねられることになる．第二に，通常，データの収集と自国の漁船への管理措置の実施に関しては個々の加盟国が責任をもつ．結果として，ただでさえ手緩くなってしまっている管理措置の実施は貧弱なコンプライアンスに依存することになる．漁獲枠を超えた大幅な過剰漁獲は今でも見つかることがある．環境保護団体が，ICCATのことをマグロ類全滅国際委員会（International Commission to Catch All the Tunas）と揶揄するのも仕方のないことだ．全体的に見ても，国際的なマグロ委員会が現実の漁獲に対して強い影響力をもっていると主張できる根拠はほとんど見つからない．もし，管理がまったくなかったとしても，状況は今とほとんど変わらないのではないかと思うほどである．

世界のマグロ資源の現状は？

2003 年，「捕食性魚類群集の急速な世界的減少」と題した論文が Nature 誌で発表され，世界中の新聞の一面はこの論文の話題で埋めつくされた．この論文は，世界のすべての大型マグロ類が 1980 年の前半までに 80％減少したと主張したものである．この結果自体はデータを精査したすべての科学団体に否定されたものの，世界のマグロ資源が極度に枯渇しているという認識は科学界で根深く残ることになった．

実際にはどうなのだろうか？全体的に見て，2010 年時点での世界の大型マグロ類の資源量は，大規模な企業型マグロ漁業が開始された時点の資源量のおよそ半分くらいになっている．この資源量は，通常考えられる管理目標よりも高いものである．乱獲されているのはクロマグロ類（大西洋クロマグロ・太平洋クロマグロ（図 8-1）・ミナミマグロ）だけだった．公海漁業で漁獲され，国際的な管理委員会が管理している主要なマグロは 5 種類ある．魚一尾あたりのサイズと価値が大きい順に並べると，クロマグロ類・メバチ・キハダ・ビンナガ・カツオの順になる．キハダやビンナガに比べるとクロマグロ類とメバチは非常に高い値段で売られ，ほとんどが刺身や寿司に使われる．一方，より値段が安いマグロとほとんどすべてのカツオは缶詰になる運命にある．

クロマグロ類は例外なく世界各地で乱獲されている．先に見たように，大西洋では依然として漁獲死亡率が非常に高いままの状態にある．しかし，大西洋クロマグロ以上に減っているのはインド洋のミナミマグロだ．ミナミマグロの漁獲量はすでに大幅に削減されたが，それでも最大持続生産量（MSY）よりは高いレベルにある．一方，他のマグロについては，資源量が少なすぎて MSY に近い漁獲量が得られないようなときに「乱獲」とみなすアメリカの基準から見ると，「乱獲」ではない．ただし，メバチやキハダのいくつかの系群では資源量が長期的な目標資源量よりも少ないものがある．キハダの大部分の系群における資源量・漁獲量は目標とされている範囲の間にあり，ちょうど良い感じだが，漁獲量が近年増えて資源量の減少が懸念されている系群もある．カツオとビンナガも全体的にはうまくいっているが，漁獲率が非常に高い北大西洋のビンナガのような例外もある．

クロマグロ類以外のマグロ資源が全体的に健全な状況にあることが，効果的な管理のおかげと考える人はまずいない．現在の漁獲量は，管理というよりも，漁業の経済的な理由に制約されているようである．つまり，主要なマグロ資源の将来は，原油価格とマグロの市場価格にかかっているのである．

成功を収めた国際漁業管理機関はあるのか？

ありがたいことに，「ある」と言える．際立った成功例は国際太平洋オヒョウ委員会で，アメリカとカナダの2ヶ国によって1923年に設立された．他と同じように，この国際漁業管理機関の機能も合意と各国の管理措置の実施にかかっているが，参加国が2国だけなのでとてもうまく機能している．

南極海洋生物資源保存委員会（Commission for the Conservation of Antarctic Marine Living Resources：CCAMLR）も，生態系アプローチを漁業管理に適用したり，違法漁獲を減らす方法を開発したりした成功で高い評価を得ている．許可をもつ合法的な漁船の登録と，合法的な漁獲生産物の流通を世界の市場で追跡することで違法漁獲の削減が実現されている．

全米熱帯マグロ類委員会（Inter-American Tropical Tuna Commission：IATTC）は，漁網を改良することでイルカの混獲を非常に効果的に削減し，高い評価を得ている．

ICCATも，北大西洋のメカジキについては，資源量が管理目標を下回ったときに漁獲を削減したことで資源量を回復させるのに成功している．

なぜ乱獲されているマグロとそうでないマグロがあるのか？

要はお金の問題で，乱獲のおもな原因が経済的な理由によることは明らかである．クロマグロ類とメバチは非常に価値が高く，大量に漁獲されている．それよりも劣るカツオは，概して管理目標よりも資源量が多く良い状態にある．価値の高い種は長寿命のものが多いために持続可能な漁獲圧が特別に低くなり，乱獲傾向になりやすいのではないか，と考える人も多いだろう．しかし，私としては経済的な原因の方に分があるように思う（つまり，寿命よりも価格の方が乱獲の主要因である）．また，マグロ資源がまだ崩壊せずに私たちと共にあるのは歴史の恩恵でもある．タラやニシンと比較すると，マグロは最近になって大規模漁業の世界に登場した．大西洋のマグロは商業的に漁獲された最初の種なので，もっとも激しく漁獲される傾向にあるのだろう．インド洋のカツオやキハダは最後に開発された資源で，たんに他の資源に比べて漁獲し尽してしまうだけの時間がまだ十分経っていないだけとも考えられる．

公海漁業をうまく管理していく希望はあるのか？

誇らしげに語れるようなことはあまり多くない．国際管理機関は賞賛に値するような実績をもっていない．マグロ類の国際管理機関が加盟国のたんなる寄せ集めにすぎないということを思い出してみよう．すると，「各国は協力して公海漁業を管理できるか？」という疑問にまた立ち戻ることになるだろう．現在のところ，「まだできていない」というのがその答えだ．国の主権を手放し，国際的なオブザーバーを乗船させるのを常に許しているような国はほとんどない．200 海里内では資源管理が成功した国もある．しかし，その成功を 200 海里外で再現するのは，国際漁業管理機関が漁業管理そのものを実施することを各国政府が認めるようになるまで難しいだろう．

それでも，国際的な合意のもとでより良いコンプライアンスが実現される兆候が見られるようになってきた．大西洋クロマグロが CITES に掲載されることへの懸念や環境保護団体からの圧力は，多くの国がより責任のある行動をとることへのきっかけとなったようだ．しかし，自己の利益だけを優先するような姿勢が公海で続くかぎり，200 海里外での資源管理の将来について私は悲観的なままである．

第 9 章
深海漁業

オレンジラフィー資源に何が起こったか？

1987 年，オーストラリア最大の水産研究所の所長ロイ・ハーディン・ジョーンズは，オーストラリアの南の海域の調査航海によって推定総資源量がおよそ 100 万 t にのぼるオレンジラフィー（図 9-1）の大群を発見したと発表した．その当時，オレンジラフィーは 1 t あたり 2,000 ドルの価値があったので，ハーディン・ジョーンズの発表は，20 億ドル分の魚がそこで漁獲されるのを待っている，と宣言したのと同じであった．通常考えられる持続的な漁獲率で漁獲することを想定すると，毎年得られる持続生産量は 2 億ドルにもなると推定された．そして，オーストラリアでオレンジラフィーを狙うゴールドラッシュが巻き起こった．操業免許の価値は高騰し，より大型の船が建造され，その海域で漁獲する免許をすでにもっていた幸運な漁業者たちは大量のシャンパンで祝杯をあげた．

しかし，他の多くのゴールドラッシュと同じように，オーストラリアのオレンジラフィー漁業もまた，ほとんどがまやかしだったことがわかった．100 万 t のオレンジラフィーは幻想だったのである．オレンジラフィーの調査は音響調査によっておこなわれたが，オレンジラフィーの大群だと報告されたものは海底の岩にあたって返ってきた音響にすぎなかった．1 t の岩を誰が数千ドルで買うだろうか？結局，それから数年間で実際に漁獲されたオレンジラフィーの総

図9-1. オレンジラフィー（写真提供：Dr. Sophie Mormede, National Institute of Water and Atmospheric Research of New Zealand）.

漁獲量は30万tにも満たなかった．

さらに驚くことに，オレンジラフィーは通常考えられる持続的な漁獲率で漁獲し続けられるような「ふつうの」魚ではなかったのである．それどころか，オレンジラフィーは世界でももっとも長く生きる魚のうちの一つだった．持続的な漁獲率は年に20%どころか，せいぜい数%であった．ほぼ四半世紀が経った今でも，何%で漁獲すれば持続的な漁獲ができるのか，正確な数字はわかっていない．現在，オーストラリアのオレンジラフィーは基本的に禁漁となっている．ゴールドラッシュが始まった当初にほんの一握りの富が生まれはしたが，夢に見た莫大な財産は夢のままで終わってしまったのである．

オレンジラフィーは北半球・南半球両方の深海域に分布している．海山でよく見られるが，深海の平坦な海底でも大量に漁獲されることがある．成長は遅く，20～40年かけて最大体長の35～60cmまで成長する．30歳くらいになってやっと繁殖を始め，通常100歳まで生きる．産卵の際に大きな群れを作るため，そのときとくに漁獲されやすくなる．その他の生活史，どこに住んで，いつどのくらい移動するのか，といったことについてはほとんどわかっていない．遺伝的研究と体の大きさの違いから，多くの個体群は独立，つまり，サケと同じように，別の集団の個体どうしが繁殖をおこなうようなことはないと考えられている．

世界自然保護基金（WWF）のウェブサイトは，「無謀な乱獲によってオレンジラフィーは急速に絶滅に向かっている」と訴えている．これが環境保護団体の典型的な意見だ．また，グリーンピースのウェブサイトには「オレンジラフィー漁業は非持続的漁業の象徴」と書かれている．環境保護団体が出版している「どの魚を食べるべきか」を示したリストはすべて，オレンジラフィーを「食べるな」というカテゴリーに分類している．グリーンピースは多くの小売りチェーン店を説得し，オレンジラフィーの販売を止めさせるのに成功した．

オレンジラフィー漁業には多くの環境問題が潜んでいる．漁獲された系群はすべて，ひどく減少してしまっている．科学者は正確な資源量を推定することができず，そこにどのくらいの数がいて，どのくらい減ったのか，ということがわからないままになっている．オレンジラフィーは底引き網でよく漁獲されるが，オレンジラフィーの漁場となるような場所はとくに底引き網によるダメージを受けやすい場所でもある．さらに，オレンジラフィーは

1,000m 以深でも漁獲されることがあるため，その高い価値につられて，まだ漁業がおこなわれたことのない新しい未知の海域に漁業が進出するきっかけを与えてしまう．往々にしてそこは，多くの環境保護団体がすべての漁業から保護すべきだと考えているような場所なのである．

ニュージーランドはオレンジラフィー漁業を最初に始めた国で，今でもオレンジラフィーのおもな生産国となっている．オレンジラフィーの存在は何年にもわたる調査航海によって昔から知られていた．外国の底引き網漁船が当時としてはかなり深い場所から実験的に漁獲をおこない，かなりの量の漁獲物を持ち帰ったこともあった．しかし，オレンジラフィーが生息する水深まで漁獲ができる大規模な船団が作られるようになったのは，ニュージーランドが 1978 年に 200 海里経済水域を宣言したあとのことだった．そして，その対価は途方もないものだった．底引き網を 15 分引くだけで 50 t の魚が獲れ，それは 10 万ドルに値した．漁獲量は 1980 年代初頭に急激に増加し，80 年代の中頃に年間 5 万 t，つまり年間 1 億ドルのピークに達した．

漁業開始当初，この漁業の実入りが非常に良いことがわかってくるにつれ，ニュージーランド周辺で多くの調査漁獲が実施され，さらに多くのオレンジラフィーの系群が発見された．1980 年代，ニュージーランドはオレンジラフィー漁業が漁獲する深海魚種に漁獲枠を設定した．このように，漁業規制は漁業開始当初からおこなわれていた．しかし，資源量と持続生産量がかなり楽観的に推定されていたため，オレンジラフィーの漁獲枠はあまりにも大きいものであった．オレンジラフィーの主要な系群の漁獲枠は，1983 年の 2 万 3 千 t から 1989 年の 3 万 8 千 t に増加した．そのため，オレンジラフィーがかなり長寿命で，資源量推定があまりに過大だと明らかになったとき，持続生産量，つまり，漁獲枠を大幅に下方修正しなければならなかった．今や主要系群の漁獲枠は 1 万 t に下げられている．

自然死亡率が高い個体群では必然的に増加率も高くなる．たとえば，個体群の 20%が捕食によって毎年失われる場合，加入と成長によっておよそ 20%の「新しい」魚を生産し，失われた分を補う必要がある（そうでないと個体群は減少し続け，絶滅してしまうので）．さまざまな種類の魚種を広く調べた結果，経験的に，持続的な漁獲率は自然死亡率とほぼ同じくらいになることが示されている．もしオレンジラフィーが本当にかなりの長寿命であるなら，それはオレンジラフィーの自然死亡率が非常に低いことを意味している．もし毎年20%が死ぬのであれば，100歳を過ぎた魚がこれほど多く見られることはないだろう．結果として，オレンジラフィーの年間の自然死亡率は2～6%で，それをもとにしたときの持続的な漁獲率も年に数%の低さになる，というのが現時点でもっとも信頼できる推定である．

1990年台には，持続的漁獲率の下方修正・漁獲量が急速に減少したという事実・さまざまな調査からの結果が勘案された結果，大部分の漁場で漁獲枠を大幅に削減することがニュージーランド政府によって宣言された．

チャレンジャー海台はニュージーランドの西海岸沖にある海底の高台で，1980年代にはおよそ1万tの漁獲枠があった主要なオレンジラフィー漁場だった．その場所で，政府と漁業団体は持続的と思われる以上の高い漁獲枠をあえて維持するという実験をおこなうことにした．これはオレンジラフィー資源に高い漁獲圧をかけ続けた場合の長期的な影響を調べる目的でおこなわれた．漁業を始めた頃には，網を水中に沈めればいつでも平均15tの漁獲が得られた．それが1998年までには1tを切るようになった．漁船の大きさの変化や漁獲技術の向上の影響を考慮して補正した推定の結果，チャレンジャー海台のオレンジラフィーはその時点でもともとの資源量のわずか3%しか残されていないことが示された．

オレンジラフィー資源が崩壊しうることを実証したという点でこの実験は成功だった．そして，この漁業は2000年に閉鎖された．多くの人にとって，この出来事はオレンジラフィー漁業の持続「不」可能性を示す象徴となったのである．

また，オレンジラフィー漁業は，深海漁業が漁業開始当初に急速に拡大しうることを示して見せた．世界の漁獲物のほとんどは大陸棚上の浅海か外洋の表層漁業で漁獲されている．オレンジラフィー漁業以前に，深海漁業は存在しなかった．しかし，1970年代にオレンジラフィーという価値のある資源が発見されるとすぐに，1,000m以上の深さで漁獲する技術があっという間に開発されたのである．

現代のGPSは漁船が今どこにいるかを正確に教えてくれる．網につけた電子記録装置によって網の深さや位置も把握できる．今や，漁船の船長は，網が船から数km離れていたとしても，ほぼ正確に置きたい場所に網を設置することができる．オレンジラフィー漁業が始まったころには，魚の密度があまりにも高いために網がすぐに一杯になり，破れることもあるのが問題だった．現在の網は小型の音響装置を備えており，どのくらい多くの魚が網に入ったかを知ることができる．それにより，網が一杯になる前に網を引き揚げることができるようになった．

一方で，残念ながら，生物としてのオレンジラフィーに関する知見はいまだかなり乏しい状況にある．

海のなかの魚の量を知るには，きちんと計画された科学調査のもとで実験的に漁獲をしてみるか，真下にどのくらいの魚がいるかを教えてくれる音波探知機を使った音響調査をするのが一般的だ．しかし，オレンジラフィーは非常に密度の濃い群れを形成するため，網を使った一般的な漁獲調査の結果は大いにきまぐれなものとなる．群れにあたればたくさん魚が獲れるし，そうでなければまったく何も獲れないのである．

音響調査の結果もまたあてにならないものであった．というのは，オレンジラフィーがあまりにも海底のすぐ近くに分布しているため，魚からの音響が海底からの音響に混じって隠れてしまうのである．さらに残念なことに，他の魚がオレンジラフィーの群れに混じる場合，実際よりもかなり群れが大きく見えてしまうことがあり，それがオレンジラフィーを音で「見る」のを絶望的に難しくしていた．オレンジラフィーの数を知るためには，その群れのなかにオレンジラフィーが何割混ざっているかを正確に知る必要があるのだ．

オレンジラフィーの持続生産量は最初，あまりにも楽観的に推定されていた．オレンジラフィーが実際に何歳くらい齢をとっているのか，誰もわからなかったからである．ニュージーランドの科学者は浅海に生息する種の生産力の半分の値を使ったが，それでもオレンジラフィーには高すぎる値だった．結局，40 年間にわたって調査がおこなわれても，自然死亡率がどのくらいなのかはいぜんとして不確実なままである．年齢を知るのが非常に難しいだけでなく，年齢構造は場所によって大きく異なっているようである．今のところ，持続的な漁獲率が非常に低いことだけはたしかにわかっているが，どのくらい低いかについてはわかっていない．オレンジラフィーが生態系のなかでどのような役割を担っているか，漁業が深海の生息地にどのような長期的影響を与えているのかについても不明のままである．しかし，オレンジラフィーが底引き網漁で漁獲されることから，漁業が海底に何らかの影響を与えているのは確実である．オレンジラフィー漁業で使われる底引き網が海底の生態系をどのように変えてしまっているかは，オレンジラフィー漁業における最大の問題の一つである．

オレンジラフィーのように成長が遅い魚を持続的に管理することはできるか？

生物学的な常識から考えると，オレンジラフィーにも何らかの持続生産量があるはずである．それは当初考えられていたものよりはずっと小さく，また，今考えられているものよりもさらに小さいかもしれない．十分に少ない割合しか漁獲せず，それに満足できるのであれば，どんなに寿命が長い魚でも持続的に漁獲ができるはずなのだ．

一つ例を挙げよう．アメリカナミガイは大型の貝で，オレンジラフィーと同じように100年以上生きる．ブリティッシュコロンビア州とワシントン州で新たに始まった漁業では，毎年，資源のおよそ1%を漁獲している．この割合は，漁業開始後の50年間で初期資源量の半分を獲る，という長期的な戦略に基づいて設定されている．これはオレンジラフィーの場合とはかけ離れている．オレンジラフィーでは資源の20%弱が毎年漁獲され，大部分の個体群で初期資源量の30%かそれよりも少ないレベルにまで資源量が減少したのである．

今わかっているオレンジラフィーの生物的特徴をふまえて過去を振り返ると，もっと少ない率で漁獲して，もっとゆっくりと漁業の開発を進めていけば良かったのかもしれない．

魚の個体群がどのくらい増加し，どのくらいの持続生産をするのか，ということは過去の経験からも学ぶことができる．一つの例外を除いて，管理がなされているオレンジラフィーの系群はすべて，漁獲枠が大幅に削減されたあとでも大きく減少した．つまり，持続的な漁獲が可能だという実証が，オレンジラフィーではまだなされていないのである．唯一の例外はチャレンジャー海台の系群である．この系群は2000年に禁漁となった時点で，漁獲によって初期資源量の3%にまで資源が減少したと考えられていた．しかし2006年と2009年の調査で，かつてのようなオレンジラフィーの大群が発見され，資源量は漁業がおこなわれる前の資源量の約30%にまで回復していると推定された．チャレンジャー海台のオレンジラフィー漁業は今，非常に少ない漁獲枠のもとで実験的に再開されている.

他の国でのオレンジラフィー漁業はどうなっているか？

オレンジラフィーの主要な漁獲国はニュージーランド・オーストラリア・ナミビアである. 漁獲量は少ないが, 北大西洋・チリ・インド洋でも漁獲がある. オーストラリアのおもなオレンジラフィー漁は禁漁になり, ナミビアは完全に漁業をやめた. ニュージーランドは, 現行の漁獲レベルが持続的で, 資源を回復させるほど十分小さいものかどうか, 試行錯誤で取り組んでいる.

ほとんどすべての場合において, 音響調査や底引き網調査は開発当初の資源量をかなり大きく推定していた. しかし, 漁業の開発が猛スピードで進んだとたん, 魚は完全に消え失せ, あとには雀の涙ほどの漁獲だけが残された. 最初の資源量推定値が大きすぎたのかもしれないし, 漁業がオレンジラフィーを蹴散らしてしまったのかもしれない.

ニュージーランド経済水域に設置された大禁漁区は, オレンジラフィーの持続的漁獲に繋がるだろうか？

ニュージーランドは, 経済水域の約30%を底引き網漁業, つまり, オレンジラフィー漁業に対する禁漁区に設定した. この禁漁区は多くの海山とオレンジラフィーの生息地の大部分を含んでいるので, ニュージーランドのオレンジラフィーはこれによって絶滅から守られることになる. しかし, ほとんどの場合, オレンジラフィーの個体群は独立で, 互いに影響しあうとは考えにくいため, これらの禁漁区が過去に漁獲されたオレンジラフィー漁場の個体群の回復に貢献することはないだろう.

オレンジラフィーの生態や生息域の生態系がよくわかるようになるまで, オレンジラフィーを漁獲すべきではなかったのか？

漁業が開始される以前, 漁獲枠を決めるのに必要なオレンジラフィーの生物学的知見はまったく得られていなかった. しかし, 漁業者と政府は大金を求めてオレンジラフィー漁業に群がった.

W. F. トンプソンは20世紀前半のもっとも偉大な漁業科学者の一人であり，国際太平洋オヒョウ委員会の初代委員長でもある．彼は，1919年，その当時から最近まで主流となっていた漁業のやり方について，「(乱獲があるという）圧倒的な証拠を示さない限り，今の漁業や遊漁のやり方が改められることはない」と述べた．しかし，何百万ドルという儲けが得られていた時代，政府は漁業の「やり方を改める」ような意思も権力ももってはいなかった．

トンプソンはまた，生物と管理の問題について，「種がどのくらいの耐性をもつものか，人が利用してみる以外に知るすべはない」とも述べている．商業的に価値のあるオレンジラフィー漁業と，漁業から得た7千万ドル分の利益を調査に充てることがなかったら，オレンジラフィーを管理するために必要な生物学的知見を得ることもなかっただろう．

生物学的情報と持続可能性がかなり不確実なとき，新しい資源をどう扱えば良いのか？

もっとも合理的な方法は，実験的に漁獲をしてみることである．試しにいくつかの漁場を開放し，そこでは非常に慎重に開発をおこなうのである．たとえば，資本投資を制限するため，その漁場では数隻の船しか操業させないようにし，操業と同時に常に詳細な調査をおこなう．そして，他の可能性のある漁場は貯金として手つかずのまま残しておく．新しい漁業の開発によって巨額の富が得られるかもしれないが，その一部はその資源を持続的に管理するために必要な調査に回す．もちろんこのような方法を実施するには，管理機関が今までにないくらい大きな強制力・自制力をもたなければならない．

第 10 章
遊漁

遊漁は漁業とは根本的に違うものだろうか？

違う，というのが簡潔な答えだ．遊漁は，生業としておこなわれるほとんどの漁業とは大きく異なっている．遊漁に関わる人の数はより多く，漁獲量や努力量を調べるのはより難しく，通常，その目的も漁業とは大きく異なっている．

第一に，遊漁では多くの人が少量ずつ漁獲するが，漁業では少数の人がたくさん漁獲する．アメリカの遊漁は，釣り船やライフジャケット，竿をはじめとした釣り人のための道具の販売やレンタルによって，毎年 820 億ドル規模の市場が形成されており，53 万 3,813 人がそこで雇用されている．メキシコ湾での遊漁はアメリカだけでなく世界から見ても最大級の規模となっている．フロリダの最南端の島々から南テキサスまでの範囲で，300 万人以上の遊漁者が 1 年あたり約 2,500 万回の釣り旅行をし，その漁獲量はアメリカの遊漁による漁獲量の 40%を占めている．

メキシコ湾での遊漁は，岸からの釣り・私有船またはレンタル船からの釣り・乗合船からの釣りの三つに分類することができる．メキシコ湾では私有船と乗合船からの漁獲がだいたい同じくらいで，岸からの釣りはあまり重要でない．これらの 3 つのグループは大きく異なっている．岸からの釣り人は海岸まで歩いていく場合が多く，漁具にもほとんどお金をかけない．逆の極端な例はカジキ釣り大会で優勝を狙うようなお金持ちの釣り人で，彼らは 1 日に何千ドルも使うだろう．しかし，私有船をもつような釣り人が数の面でも，使う金額の面でも，他のグループを凌駕している．

どのグループにおいても，それぞれ管理に関する独自の課題がある．漁獲量の把握が資源管理の第一歩となるが，非常に多くの数の釣り人がいるなかで正確な漁獲量統計を得ることは最初の大きな障壁となる．乗合船による漁獲量はもっとも把握するのが容易で，漁業による漁獲と似たような方法で調査できる．というのは，乗合船の免許をもつ人の身元は記録されており，ごくかぎられた港で操業がなされるからである．オブザーバーを載せることもでき，漁業で用いられるさまざまな典型的な方法（操業記録の収集や港での政府役人による調査）も使える．私有船による釣りの場合は，数千にのぼる小さい港や岸壁から出港するため，追跡して努力量や釣果を調べるのは非常に難しい．そのためそこから得られる数字はかなり不確実なものになる．

遊漁と漁業では目的も大きく異なっている．漁業では食料生産・収入・雇用が目的となる．遊漁では体験そのものが一番の目的であり，そのため，管理する方法も異なってくる．漁業の管理では，高い生産量を達成するように漁獲圧を調整することがおもな関心事になるが，遊漁では，ほとんどの場合，漁獲への努力量を最大化することが目的になる．漁業者と漁業管理者は常に，漁業にかかる支出を減らす方法を探している．一方で，遊漁では，人々がお金を使えば使うほど良い．極端な例として，フライフィッシングを楽しむ大金持ちは，高級リゾート地で釣りをするのに1日数千ドル使い，さらに，その装備にも同じくらいお金をかけたうえで，釣ったものをすべて放流したりするのだ．

遊漁と漁業のもう一つの違いは大きな魚の重要性である．大きければその分重くなって値段も高くなるので，漁業者だって大きな魚は好きだ．しかし，遊漁者は大きな魚がさらにもっと好きで，とりわけ，トロフィー級の大きな魚であればなおさらだ．遊漁業界においても大きな魚をありがたがる客がとりわけ好まれる．結果として，釣り人がトロフィー級の魚を釣り上げて喜ぶチャンスを増やすため，遊漁では小型魚の放流を促すように漁獲可能サイズをかなり大きく設定することがよく見られる．

遊漁はしばしば複数の魚種を漁獲する．どんな場所でも，どんな漁具でも，複数の異なる魚種が釣れる可能性はある．もしある種を狙ってうまくいかなかったり，その種の漁獲制限の上限に達してしまったりしたときには，たんに別の場所に移動して違う種を狙えばいい．レッド・スナッパー（フエダイの一種）は珊瑚礁域に生息する魚で，メキシコ湾の遊漁ではもっとも価値が高い．しかし，その漁獲量の制限は非常に厳しいため，たいてい，たった数週間で漁期が終わってしまう．したがって，レッド・スナッパーの（2006年の）漁獲量は上位5番目にすぎず，それよりも価値が劣る魚種の方がよく漁獲されている．レッド・スナッパーよりも漁獲量の多い魚は，オオサワラ，コブダイ，レッドドラム，スポッティッド・シートラウト（ニベ科）である．

メキシコ湾では漁獲される魚のほぼ半数が放流される．資源評価のためには放流された魚のうちどのくらいが生き残るかを知る必要があるが，それは管理者の頭を悩ませる大きな課題の一つになっている．

釣りにいって魚を釣り上げるスリルを楽しむことだけが遊漁のおもな目的だとするなら，釣ってからすぐ放流すること（キャッチ&リリース）でその目的は果たされ，さらに対象魚種への影響もより小さく抑えることができる．ある意味，キャッチ&リリースこそが究極の遊漁の形態だとも言える．

しかし，逆の考え方もある．アラスカ先住民の共同体では，自分たちの領土で魚のキャッチ&リリースを禁じていることがある．「食べ物で遊ぶ」ことは彼らの伝統的な文化に反するからだ．動物の権利を主張する団体はすべての形態の釣りに反対しているが，キャッチ&リリースにはとくに攻撃的だ．というのは，彼らにとって，キャッチ&リリースは釣り人が動物を虐めて喜んでいるように感じられるからである．そのため，動物福祉という観点から，ドイツとスイスではキャッチ&リリースによる釣りが禁じられている．

遊漁に関わる人々の数は多く，大きな政治的勢力を形成しつつある．アメリカの遊漁団体は，漁業管理に関する地方協議会のなかで自分たちが少数派だとよく文句を言うが，州や連邦政府のなかで彼らがもつ政治力の大きさは誰も否定できない．フロリダでは遊漁者が多くの種類の漁業を追放するのに成功し，他の州でも同様の措置が提案されている．州の魚や野生生物に対する管理機関の主要な資金源が遊漁の免許からの収入であることも多く，その場合，遊漁の一層の振興が最優先事項となる．

アメリカやヨーロッパの遊漁はどのくらいの規模なのか？

現在の推定によると，アメリカではおよそ3,000万人が釣りの免許をもっていて，それによる収入は年間450億ドルに達する．調査によると，アメリカの釣り愛好者は6,000万人で，それは全国民の20%にあたり，選挙において非常に大きな支持基盤となっている．一方，ヨーロッパでは国によって大きく異なり，イタリアではたった1%にすぎないが，フィンランドでは40%もの人が遊漁に関わっている．

遊漁による漁獲量は漁業による漁獲量よりも少ないのが一般的だが，遊漁で好まれるような魚種では，遊漁による漁獲が全体のなかで大きな割合となることもある．アメリカでは，総漁獲量のなかで遊漁による漁獲が占める割合はたった3%にすぎないが，浮魚を大量に漁獲する大規模な企業型漁業による漁獲量を除くと，その割合は10%にまで上昇する．さらに，乱獲されていたり，保護的な関心が高かったりする種（たとえば，レッド・スナッパー）だけに注目すると，遊漁による漁獲の割合が50%を超えることも珍しくはない．

遊漁の管理は漁業の管理とどう違うのか？

遊漁の管理者がとる典型的な管理手法は，漁具や魚の体長・漁期・漁場を制限することだ．漁業では総漁獲量の制限がどんどん厳しくなっているが，漁獲データの収集の困難さから，漁獲量制限という手法が遊漁で使われることはほとんどない．そのかわりに，遊漁による漁獲が多すぎるときには，漁期を短くしたり，魚の体長制限を厳しくしたり，一人の1日あたり，または，漁期あたりの漁獲量に上限を課したりする．

遊漁による漁獲量を調べるのは難しい．遊漁に関わる人々の数が多く，水揚げ地も無数にあるため，調査をおこなうには多額の費用が必要になるからである．水揚げ地における漁獲量調査は，漁業ではふつうにおこなわれているが，遊漁による漁獲のデータを収集するために水揚げ地調査をおこなっているような管理機関はまずない．乗合船では，操業記録やオブザーバー，水揚げ地での聞き取り調査の組み合わせによって調査がおこなわれることもあるが，個々の遊漁者に対しては，電話での聞き取りによって遊漁による漁獲量と努力量が調べられるのが一般的だ．

淡水と海水で遊漁に対する管理は異なるか？

最大の違いは人工孵化場の存在である．ほとんどすべての漁業管理機関は，自然の再生産を補うため，陸水域で，また，最近では海水域でも若い魚の放流をおこなっている．淡水魚の漁獲のほとんどが人工的に生産された魚だという場所も多く，多くの淡水域の漁獲は「放流したものを獲っている（put-and-take)」だけとも言われている．そこに天然魚はほとんどいないのである．遊漁を推進しようという政治的圧力は非常に強く，人工孵化の技術も十分進歩しているため，十分に魚がいないとなったときには，もっと人工生産して放流するというような対応が即座になされることになる．人工孵化が盛んなのは，動機・手段・政治的圧力がすべて揃った自然な成りゆきなのである．

淡水魚での人工孵化技術の進歩は顕著であるが，海水魚の人工孵化技術も遅れをとってはいない．アメリカの周辺海域ではすでに，遊漁を振興するために数十種の海水魚で人工孵化による繁殖がおこなわれている．しかし，海水魚でこのような人工孵化事業が成功しているかどうかを証明するのは，淡水魚で証明するよりもさらに難しい．

淡水域での遊漁者は，新しい釣り場を作るために世界中から多くの外来魚を導入した責任を負っている．たとえば，今や南極大陸以外の全大陸の釣り人を魅了するニジマスは，ときに非合法的に遊漁者によって持ち込まれたものなのだ．

遊漁は乱獲問題の一端を担うか？

海洋の漁業資源に対する遊漁の影響は場所によって大きく異なっている．大規模な企業型漁業において，遊漁による漁獲が大きな問題になることはほとんどない．しかし，遊漁者にとくに好まれるような種になると，遊漁は魚の死亡のもっとも大きな原因になる可能性もあり，乱獲問題とその解決のために不可欠な要素の一つとなってくる．

陸水における遊漁は，とくにアメリカやヨーロッパで漁業よりもずっと重要だ．アジア・アフリカ・南アメリカの多くの地域では，陸水域にも大きな伝統的漁業がまだ残っている．しかし，アメリカやヨーロッパでは遊漁が配分競争に勝ち，大部分の漁獲が遊漁によるものになっている．

たぶん，生物多様性に対して遊漁が与える最大の影響は，人工孵化魚の放流と外来種の導入によるものだろう．現在までの社会においては，在来種を犠牲にし，外来種を人工孵化させて育てることによって新しい遊漁の漁場を作り出す，という選択が多くなされてきた．したがって，乱獲で減少した遊漁種を補うために導入された外来種との競争のせいで在来種が減少していることを考えると，世界中の多くの場所で遊漁はたしかに乱獲問題を引き起こす主要因の一つであると言える．

第 11 章
小規模伝統漁業

世界の漁業の多くは小規模に営まれている
ーそれらをどのように管理するか？

「ロコ（アワビモドキまたはロコガイ）（図 11-1）」は，チリやペルーの海岸の岩礁帯でよく見られる巻貝の一種である．大きな個体は握りこぶしよりも少し大きいくらいになり，ある一つの特徴を除けば，動物学者しか興味を持たないような生物であろう．その特徴とは，ロコがとても美味しい，ということだ．チリ沿岸の人々は，そこに人が住むようになったときからずっとロコの身を食してきた．たいていは潮がひいたときに採取するか，浅瀬にいるものを潜水して漁獲する．1974 年以前には地元での消費を目的とした小規模で伝統的な漁業が主だった．しかし，チリの経済政策が変わった 1970 年代初頭から，輸出が奨励されるようになり，船や加工工場に補助金が出され，アジアでロコの市場が広がっていった．アジアでは，ロコはチリアワビとして市場に出回った．価格と需要が急激に上昇したのと同時に，漁獲努力量と漁獲量も急増した．

1980 年までに漁獲量は 4 〜 6 倍にまで増加した．この漁業はまったくの「オープンアクセス」漁業だったため，漁業者は好きなときに好きな場所でロコを漁獲できた．チリ沿岸には数百もの小さな漁業共同体が点在しており，ロコ漁業はそれぞれの共同体の地先で昔から営まれていた．しかし，ロコの価格の急騰は，多くの漁業者が未利用の新しいロコ資源を求めて沿岸を探し回るような事態を引き起こした．一方で，地元の漁業者は部外者から伝統的な漁場を守ろ

図11-1. ロコ（アワビモドキ・ロコガイ）（写真提供：Mr. Pedro Pizarro Fuentes, Universidad Arturo Prat, Iquique-Chile）.

うとした．ロコ戦争の勃発である．1980 年代には漁獲量が減少し，ロコはほとんど見られなくなった．政府は禁漁期や漁獲量制限をはじめとした一般的な漁獲規制を広く導入したが，それらはすべて失敗に終わった．1989 年，この漁業は完全に禁漁となった．

チリの沿岸 4,100km に点在する 425 の漁業共同体は「カレータ」と呼ばれている．各カレータの漁業者はシンジケートと呼ばれる公的な組合に属している．カレータはスペイン語で小さな湾や入江を意味する言葉で，たいてい，漁港がある小さな湾や入江ごとに形成されている．カレータの漁業者は伝統漁業（artisanal fishery：小規模で自給自足または地元での消費のために古くから営まれている伝統的な漁業）者である．彼らは漁獲物を販売するので，自給自足のためだけの漁業者とは言えないが，漁船は非常に小さいため企業型漁業者にもあたらない．それぞれのカレータは地先の資源を獲っている．漁獲物は，浜で直接拾ったり浅瀬に潜水したりして採取される底生性の無脊椎動物や，延縄や巻き網で漁獲される魚で，その多様さには目を見張るものがある．通常はロコがもっとも重要な漁獲物であるが，それ以外に，二枚貝・エボシガイ・海藻・カニ・カサガイ・ウニもよく漁獲される．一つのカレータの漁獲物が 20 種にわたることも珍しくない．ロコ漁業の崩壊はカレータにとって大きな打撃となった．カレータにとって，ロコ漁業が現金のおもな収入源だったからである．しかも，このような小規模な漁業共同体には他の雇用機会がほとんどなかった．何百ものカレータは地元の資源を持続的に管理する方法を模索し始めた．各カレータの存続は持続的漁業への道を見つけられるかどうかにかかっていたのだ．

チリではかつて，世界の多くの国と同じように，欧米型のトップダウン式の管理体制が広く採用されていた．欧米型の管理体制では，中央集権化された漁業管理機関がデータ収集と調査・規制の設定をおこない，同時に，監視員により規制が守られているかどうかの確認がおこなわれる．このようなトップダウン方式は大規模な企業型漁業を想定して設計されている．大規模な企業型漁業とは，漁獲の主体が単一の資源で，その資源量が容易に推定でき，漁業者や漁港の数が十分少ないために容易に漁獲量を監視できるような漁業である．しかし，チリの伝統漁業にこのような条件はあてはまらない．おもな漁獲対象種が底生性（sedentary：海底に生息し，あまり移動しない）のものであるため，あるカレータの資源量は数百 km 離れた別のカレータの資源量とは大きく異なっている．無脊椎動物の管理では，決められた大きさ（制限サイズ）よりも小さい個体の水揚げが禁止されることが多い．このような管理において，制限サイズは，個体が繁殖できる大きさよりも十分大きく設定されるのが一般的である．しかし，底生性の種は場所によって成長が大きく異なるため，適切な制限サイズも場所によって異なってくる．それは，同じ沿岸域でも海岸によって異なるし，また，同じ岩礁帯でもこちら側と向こう側で異なる場合もあるのだ．そのため場所に応じて規制と管理を調整する必要があるということになる．さらにチリ政府は，4,100km の海岸線に沿って点在する数百ものカレータ一つ一つに対して規制を実施するような資金をもちあわせてはいなかった．公式には，1989 年にロコ漁業は全面禁漁となった．しかし，実際には，かなりの量が違法に取引されており，回復を願ってやまない地先の資源がみすみす漁獲されていくのに対して，地元の漁業者はただただ無力であった．

ウォン・カルロス・カスティラは海洋生態学者で，サンティアゴにあるチリ・カトリック大学の教授である．この大学はサンティアゴ西部の海岸に海洋実験所をもっている．1982 年，カスティラは周辺のカレータを説得して，海洋実験所に隣接する岩礁帯の一部を禁漁区にすることを認めさせた．これがロコに与えた影響は劇的なものだった．2 年のうちに禁漁区のロコは増え，サイズも大きくなった．一方で，そこから数百 m しか離れていない漁場のロコは少ないままだった．この小規模な実験によって，ロコ資源の崩壊は悪い環境条件でなく漁獲によって引き起こされたこと，そして，ロコがかなり小規模なスケールで管理できることがたしかに証明されたのである．

1991 年にチリは，MEABR（Management and Exploitation Areas for Benthic Resources：底生資源の管理と利用海域）の設置を認める新しい漁業法を導入した．MEABR とは，カレータの漁業者組織が独占的利用権を有し，共同管理制度のもとでその場所の底生資源（海底で生活する植物と動物）を管理する許可が与えられた海洋の区画や海岸線のことである．MEABR では，それぞれのカレータが責任をもって地先の資源の状態を把握し，管理計画を作成することが求められる．中央政府はその計画を評価し，計画が実行されているかを監視する．もっとも重要なことは，カレータに割り当てられた海域でよそ者が底生資源を利用しようとした場合，カレータがそれを合法的に排除できるようになったということである．

ほとんどの場合でこの新システムはうまくいった．2005年には547のMEABRが登録され，全部で10万2,338haが排他的利用区域となった．カレータが管理している海域で，ロコの資源量はどんどん増加した．さらに，排他的利用権が保証されたため，各カレータは，自分たちの管理のもとで，複数の資源から得られる収入を最大にするようなビジネスプランをたてられるようになった．資源量も収入も増加したことでカレータの人々は手ごたえを感じ，自分たちの運命を自分たちで決めていると実感できるようになった．ただし，まったく問題がないということはなく，たとえば，MEABRが小さすぎるカレータでは，自然変動による良い年と悪い年の差が大きすぎるという問題があった．また，カレータによって管理の質や漁獲機会の公平性，収入が大きく異なるという問題もある．しかし全体的に見て，地域漁業権を設定したこのシステムはうまくいっていると考えられており，小規模な底生性の資源をうまく管理するための模範的な例として世界的に知られている．

チリの漁業は小規模漁業の典型的な例と言えるだろうか？

チリのカレータのような状況は，かなりよく見られるものである．大部分の小規模漁業は幅広い資源に依存しており，その多くは底生性である．このような漁業にトップダウン型の管理はそぐわない．中央政府は，何百という小規模な地方共同体にある資源の状態を把握する資金も，管理を実施する能力も，もち合わせていないからである．チリで特徴的だったのは中央政府が進んで地方共同体に漁業管理の権限を委譲し，それを法的な枠組みとして導入したことである．また，チリの沿岸域の大部分は人口密度が低いため，それぞれのカレータが独立していた．さらに，地域漁業権の設立の際には，カレータですでに利用されていた組織制度をそのまま利用することができた．

政府による現代的な漁業管理が始まる以前，漁業はどのように管理されていたのか？

海洋生物学者のボブ・ヨハンスは西部太平洋の漁業共同体における伝統的な管理の研究に何年間も携わり，1981年に『The Words of the Lagoon（珊瑚礁の言葉）』を著した．これはパラオの伝統的な漁業管理について書かれたもので，漁業管理に携わる人には必ず読んでもらいたい本である．西部太平洋で政府による欧米型の漁業管理機関が設立される以前，漁業管理は地域共同体が中心になっておこなうのがふつうだった．伝統的な共同体のなかで人間が自然とともに持続的に生活してきたやり方を過剰に評価してしまう傾向はあるかもしれないが，世界中の多くの共同体が漁獲によって自分たちの食料を持続的に賄ってきたという証拠は有り余るほどあるのだ．

ヨハンスの言葉を借りてこよう．「パラオや他の多くの太平洋の島々でおこなわれていた海洋保全手法のなかでもっとも重要なものは，珊瑚礁や礁湖の保有権であった．方法があまりに単純なため，ほとんどの欧米人はその利点を認識することができなかった．しかし，おそらくこの方法はこれまでに考案されたなかでもっとも有効な漁業管理法なのである．それはとても単純で，ある海域で漁獲権を設定し，部外者が許可なく漁獲することを許さない，というだけのものだ」．

漁業資源に独占的な利用権を設定することは，良い管理における必須の条件である．世界に目を向ければ，1970 年代後半の 200 海里排他的経済水域の導入は，すべての国が自国の漁業資源を管理し始める大きなきっかけとなった．チリの伝統漁業では，これまでに見たように，自分たちの漁場からよそ者を排除できるようになって初めて，カレータが自分たちの資源を管理できるようになったのだ．

世界で古くからおこなわれてきた漁業管理にはさまざまな形態があり，また，多くの手法が用いられてきた．漁具制限・禁漁期や禁漁区・永続的な保護区といったものが，伝統的な管理のすべて，または一部として使われてきた．これらの方法が実際のところどのくらい効果的だったかを言うのはたやすいことではない．ただ，伝統的な社会が漁獲によって漁業資源を枯渇させたこともあった一方で，多くの共同体が海洋資源によって数千年もの間維持されてきたことは，歴史がたしかに証明してくれている．

地域漁業権にはどのような特徴があるのか？

地域漁業権は TURF（Territorial User Right to Fish）と呼ばれ，重要な「新しい」管理手法として漁業管理者に提案されることもある．ヨハンスの本やその他の研究で記録された過去の漁業管理の歴史，そして，地域漁業権を与えられたチリの伝統漁業や他の共同体・漁協・組織の最近の知見に基づくと，地域漁業権は欧米型のトップダウン管理がそぐわない多くの漁業を管理するための一つの有効な手法になりえると思われる．地域漁業権で鍵となる要素は海域の排他的利用権である．そのため，おもに底生性の資源で，地域漁業権がとくに有用であるのは明らかだ．これまで実施されたほとんどすべての地域漁業権は共同体を単位としている．ただし，貝類の養殖のために個人や会社に沿岸の一部の利用権が貸与されるような場合も，地域漁業権における一つの形式と考えることができるかもしれない．

地域漁業権の利点はおもに二つある．違法漁獲の取り締まりが徹底されることと，小規模な地域共同体でデータ収集が可能になること，である．ロコやアワビ・ロブスターなどの価値の高い資源が個々の地域共同体で違法漁獲されていたとしても，中央政府がそれをすべて取り締まるようなことはできない．しかし，地域漁業権を導入することにより，共同体や地域の漁業者自身が違法行為を監視し，取り締まるような動きが強く促される．カニやアワビのような多くの海産無脊椎動物の管理では，漁獲可能な制限サイズを成熟サイズよりも大きいところに設定するのが理想的である．これによって最低限の産卵個体群を維持することができるからである．しかし，通常，無脊椎動物の同じ種でも，異なる生息地では成長率が異なるため，適当な制限サイズは島の一方と他方で，あるいは珊瑚礁のこちら側とあちら側で異なることになる．中央政府がこのような細かいスケールでの違いを認識し，管理をおこなうのは非常に難しい．それぞれの地域が独自に管理することこそが理想的なのである．

小規模漁業における管理の成功から得られた教訓は？

エリノア・オストロムは政治学者で，天然資源に対する共同体管理の研究でノーベル賞を受賞した．彼女は，社会的な制度が共有地の悲劇を回避する有効な手法になり得ることを明らかにした．さらに，130の漁業を調べた2011年の別の研究では，彼女の研究結果が漁業においても成り立つことが明らかにされた．成功の鍵とされるのは，排他的な利用権と社会的・政治的リーダーシップ，団結力である．逆に言うと，共同体が排他的利用権を得るための法的な枠組みをもたないとき，あるいは，共同体が組織化されておらず，団結していないとき，共同体管理は成功しないということになる．

第12章
違法漁獲

違法漁獲は重大な乱獲問題の一つか？

2003年8月，オーストラリアの200海里経済水域内にあるハード島（南インド洋にありパースの南西2,400マイルに位置する島）周辺で，オーストラリアの巡視艇サザン・サポーターは違法漁獲の疑いのある1隻の船を発見した．その船はウルグアイ国籍で，ビアルサ1号という名だった．ビアルサ1号は巡視艇の乗組員の乗船を拒否しただけでなく，停船の警告も無視して逃げ出した．そして，南大洋を駆け巡る3,900マイルにわたる大追跡劇が始まったのだ．それは21日の間，視聴者をテレビに釘づけにすることになった．最終的に，ビアルサ1号は南アフリカの南方沖で捕まった．その船上には高級魚であるマゼランアイナメ（図12-1）が95tも積み上げられていた．オーストラリア政府がそのマゼランアイナメを競売にかけると，100万ドルもの値がついた．

「海賊」という言葉から思い浮かべるのは，まず17世紀の有名な海賊たち，そして，最近ではジョニー・デップ演じるキャプテン・ジャック・スパロウだろう．しかし現在でも海賊たちは公海を舞台に暗躍し，そこで黒ひげやヘンリー・モーガン（訳注：17世紀にカリブ海で活躍した有名な海賊）よりもはるかに大金を稼いでいるのだ．世界中の公海や多くの国の経済水域内で違法漁獲がおこなわれ，その漁獲量は年間100億から200億ドルにも相当する．最大で，世界

図12-1. マゼランアイナメ（写真提供：Dr. Sophie Mormede, National Institute of Water and Atmospheric Research of New Zealand）.

の総漁獲量のうちの30%は違法に漁獲された可能性がある．

マゼランアイナメは，北アメリカでは「チリ産スズキ」として知られており（日本の流通名はメロ），現地のスペイン語では「ロバロ」と呼ばれている．南大洋の深海に生息し，大型で長寿命の魚である．脂の乗った白身はレストランに高値で売れる．そのため，南極大陸周辺の島々でマゼランアイナメの大群がいくつも発見されると，その周辺の海域では近年でも類を見ないほど違法漁獲が横行するようになってしまった．この漁業は1970年代に主としてチリで始まり，その後，アルゼンチンでもおこなわれるようになった．1990年代までに年間の水揚げ量は4万tと報告され，これは金額にしておよそ2億ドルに相当するものだった．

マゼランアイナメの市場が拡大するとともに，南大洋にも豊富な資源があることがわかってきた．南大洋における1990年半ばまでの合法的な漁獲量は年間約1万2千tであった一方，違法操業による漁獲量は少なくとも3万2千tと推定され，これは1億5千万ドルに相当するものだった．マゼランアイナメの違法漁獲がこんなにもはびこったのはおおいに儲かるから，というごく単純な理由からである．マゼランアイナメを獲るのは簡単で，高く売れる．それにもかからず，違法漁獲で捕まる可能性はきわめて小さい．南大洋は広大で，サザン・サポーターのような巡視船はほとんどいない．たとえ発見されて捕まるとしても，罪に問われることはめったにない．ビアルサ1号の五人の船員はオーストラリアの裁判所で違法漁獲の罪を問われたが，2005年に評決不能で無罪放免となった．ただ，ビアルサ1号は最終的に廃船になった．

1968年のG. S. ベッカーの古典的な論文「罪と罰：経済的アプローチ」は，犯罪を異常な社会行動でなく営利活動として捉えるべき，と述べている．人々が違法操業に従事するのも，それが儲けになるからである．禁酒法時代のアメリカを考えてみよう．違法な酒が高く売れたことで，アル・カポネやその他多くのギャングたちは大金持ちになった．密漁を企てている輩は，それがどのくらいの儲けになるのか，ということと，逮捕される可能性，そして，逮捕されたときの損失を天秤にかけているのだ．まず，誰かが，あるいは，ある大きな会社や投資家のグループがマゼランアイナメの調査のために試験的な偵察船を南大洋に送るだろう．もし，それが儲かるもので，捕まる可能性が低いとなれば航海が繰り返され，さらにもう一隻，もう二隻と，船が増やされることになる．また，合法的に操業している船も，違法漁獲で収入を増やす誘惑にかられることがあるかもしれない．ここでも潜在的な利益と損失が天秤にかけられることになる．もし，利益が大きくて損失が小さいなら，誘惑に抗えない者も出てくることだろう．

南極海のマゼランアイナメ資源の管理は国際漁業管理機関によって担われている．南極海洋生物資源保存委員会（CCAMLR，カムラーと発音）がそれで，南極海域の生態系の保護を目的としている．1982年に設立され，その本部はタスマニアのホバートにある．CCAMLRは，管理海区内の漁業資源の状態を評価し，調査を計画し，どのような規制をおこなうべきかを設定している．また，他の国際漁業管理機関と同様に，パトロールのための船や飛行機を所有しておらず，規制の実施自体は31の参加国に委ねられている．

CCAMLRとその参加国は，委員会が決めた漁獲枠を守らせるためにさまざまな方法を駆使している．それには，CCAMLR管理海域内にあるすべての船を衛星追跡すること，漁から戻ってきた船を港で強制捜査すること，船の登録・船名の表示を徹底すること，などがある．また，合法的な漁獲物に対しては，甲板に上げられた魚が小売市場で売られるまでを追跡・記録するための漁獲物追跡システムが構築されている．

CCAMLRは，これらの方法によって違法取引をかなり減らすことができたと推定しており，2004年から2007年のこの海域の違法漁獲物は，全漁獲量の10%程度であるという報告がなされている．しかし，国際的な環境保護団体が貿易統計から推定した違法漁獲量の割合はそれよりもわずかに高く，14%から23%の間である．

漁業管理の目的において南極大陸は国際管理区域とされている一方，南大洋の島々の多く（オーストラリアのハード島やマッコーリー島・イギリスの南ジョージア島・フランスのケルゲレン島とクロゼット島など）はそれぞれの領有国によって管理されている．これら島々の領土とその領海内では，領有国が資源管理とその実施に関する権限をもつ．南ジョージア島におけるイギリスのマゼランアイナメ漁業は2004年に「うまく管理されている」として海洋管理協議会（MSC）認証を得た．ロス海の国際漁業も2010年にMSC認証を取得し，フランスの漁業も申請中である．

マゼランアイナメへの違法漁獲は稀なことか？

世界の漁業は，「自由」と「規制」という二つの相反する伝統的な考え方で二分されている．「自由」の考え方は，「外洋では好きなときに好きなことができる」という「海洋自由の原則」に端を発するもので，その歴史は長い．200 海里経済水域が国際的に合意される以前，外洋での漁獲はまったく規制されていなかったのである．一方で，「規制」の方に目を転じると，各国の管理区域内での漁業は，他の産業と比較しても，もっとも強い規制がかかっている産業の部類に入る．漁業者が合法的に漁業をしようとすると，いつどこで，どのような漁具で，どのくらい多くの魚を獲るかという細かい規制がついてまわる．多くの場合，漁船は衛星の受信機を搭載しなければならず，それをとおして 1 分ごとの船の動きが政府の漁業担当者に見張られる．さらに，漁業者に課せられた多くの規制が守られているかを確認するため，政府が雇用したオブザーバーを漁船に乗せなくてはならないことも多い．

規制を無視することで得られるだろう利益はかなり大きいものだ．私が知っている漁業者のほとんど全員が，規制を無視することでかなりの漁獲を得た経験を教えてくれた．規制する側と漁獲する側が敵対するようなときには，ルール破りがビジネスの一つとして受け入れられてしまうのである．うまく逃げおおせられるのなら，やった方が儲かるのだから．違法行為を経済的な選択の結果と解釈するベッカーの考え方が，漁業のなかでは毎日どこかで現実のものとなっている．

国際社会では違法漁獲を IUU〔Illegal（違法の），Unreported（未報告の），Unauthorized（認可されていない）〕と呼ぶ．マゼランアイナメのような企業規模での違法漁獲か，許可されていない大きさの魚を持ち帰る釣り人か，という規模の違いはあるものの，世界のほとんどすべての漁業でなんらかの IUU は存在している．漁業には規則破りが必ずついてまわるものなのである．最新の推定によると，世界中のさまざまな地域における漁獲量のおよそ 20% は違法漁獲によるとされている．この割合は，1980 年から 2003 年にかけてほんの少し減っただけである．ただし，その言葉どおり，違法漁獲は報告されないものなので，当然ながらこの推定値はかなり不正確なものと考えられる．

マゼランアイナメの違法漁獲が続いているにもかかわらず，なぜ一部の漁業は良い管理をおこなっていると認証されたのだろうか？

もっとも広く知られている認証制度は海洋管理協議会（MSC）によるもので，この認証は，種でなく個々の漁業に対してなされる．2004年，イギリス統治下にある南ジョージア島のマゼランアイナメ漁業がMSC認証を取得した．イギリスは，この漁業が認証の基準を満たしていることを示して見せたのである．管理海区内で違法漁獲が抑制されていること，マゼランアイナメ資源の持続的管理をおこなうにあたって適切な漁獲方策が実施されていることが認められたことになる．最初の認証は複数の環境保護団体による不服申し立てを受けたが，二度目の科学的審査の結果，正式に認証されることとなった．この漁業は2009年にも再認証された．

同じ魚種を漁獲していても，漁業によって資源状態や管理の有効性に差があるという複雑な事態は，漁業認証や消費者への情報提供の際にとくに問題となる．ノルウェーとロシアの北にあるバレンツ海で漁獲される世界最大のタラ資源は，2010年にMSC認証を取得した．資源量は豊富で，どう考えても乱獲とは思われない．しかし，他の多くのタラ資源の資源量は低いままなのである．多くの系群で資源量が少ないからと言って，「タラ」が持続的に管理されていない，と単純に言い切ることはできないのだ．個々のタラ資源がどうなっているのか，個別に考える必要がある．

公海で違法漁獲を減らすためには，どのような方法が用いられるか？

違法漁獲と戦うためのおもな手段は，(1) 船名の表示の徹底，(2) 船の登録，(3) 水揚げ物の調査，(4) 衛星による船のモニタリング，(5) 漁獲量の報告と追跡，(6) 違法漁船のブラックリスト化，といったものがある．船の登録と表示の徹底，衛星によるモニタリングは，未登録船を素早く識別するのに役立つ．管理の実施を監視する飛行機や船が合法的に操業している船の位置を常に正確に把握しておくことで，未登録の船がいればすぐにそれと識別できるからである．水揚げ物調査と漁獲報告によって，理論上は，世界のどの場所で輸送されているマゼランアイナメも，いつ・どこで・どの船で漁獲されたのかがわかるようになる．他の商業漁業でも自国内や公海における違法漁獲を排除するため，同じような方法が広く用いられている．

第 13 章
底引き網が生態系に与える影響

底引き網や桁網はどうやって魚を獲るのか？
また，なぜ，まだ魚を獲るのに使われているのか？

「海底で巨大な底引き網を引きずり回し，あらゆる海の生物を捕まえ，すべての生息域を駄目にする（通ったところにあるものはすべて飲み込まれ破壊されてしまう）」

環境保護団体はウェブサイトのなかで，おそらくは漁業のなかでもっとも厄介な漁法である底引き網をこのように表現している．底引き網漁や桁網漁（けたあみりょう）は，重い網を海底で引きずって魚を獲る漁法である．毎年，アメリカ合衆国全体と同じくらいの面積の海底で底引き網漁がおこなわれていると推定されており，それを，1 年に 1 回，アマゾンの森林をすべて伐採することになぞらえた科学論文もある．

漁業が与える海洋生態系への影響は，乱獲の一つの側面である．そして，そうした問題を考えるための良いスタート地点として底引き網以上のものはないだろう．底引き網と海底生態系の関係をよりよく知るため，まず，ニューイングランド地方のマサチューセッツ州ニューベッドフォードの町を訪ねてみよう．

数年前，私はニューベッドフォードの町をドライブしていた．そのとき，海岸沿いの丘の中腹に壮麗な古い豪邸がいくつも立ち並んでいるのを見て，おおいに感銘を受けたものである．それは，今ではもう失われてしまったアメリカの捕鯨時代の栄華を雄弁に物語るものであった．ニューベッドフォードは，19 世紀，多くの捕鯨船の母港となっており，この国でもっとも裕福な町の一つだった．捕鯨船の船長は捕鯨によって財をなし，豪邸を建てて自分たちの富をみせつけた．彼らを心配する妻たちは，その豪邸の屋根の上の高いところに設置され，上品に彫刻されたバルコニー（ウィドウズ・ウォーク：widow's walk）にあてもなく佇んでいた．そこでは，何年も前に出たきり帰らない見慣れた船が現れるのではないかと，妻たちが海をじっと見つめていたのだった．過去に栄えたニューイングランド地方のこの捕鯨産業は何年にもわたる衰退のあと，現在ではその痕跡をわずかに留めるにすぎない．一方で，現在，ニューベッドフォードの中心街は一新され，海辺は活気を取り戻している．再び，ニューベッドフォードはアメリカでもっとも価値の高い漁業のうちの一つである大西洋ホタテ漁業の母港となったのである．いま一度，船長たちは財をなすようになり，腕の良い乗組員は年に10万ドルを稼ぎだすまでになった．

大西洋ホタテは二枚貝の一種で，水深100mよりも深い場所の，泥のようなきめ細かい底質でなく，硬い砂か砂利の底質におもに生息する．彼らは濾過食者で，水管を使って海水を吸い込み，植物プランクトン・動物プランクトン・他の生物やときには自分自身の卵や幼生のような小さい粒子を濾しとって食べる．成長は非常に速く，3～4歳には成熟する．完全な底生性というわけではなく，標識を付けられた個体のいくつかは48kmもの距離を移動したことが知られている．

大西洋ホタテは海底に沿って引きずられる桁網で漁獲される．桁網の重い鉄の枠は海底の一番上の層をすくいあげる．桁網の網は針金でできていて，すくいあげた砂や砂利をふるい落としてホタテだけを残す．ニューベッドフォードの漁船は，通常，複数の桁網を同時に引き，船の進路となる海底を一掃する．次に，桁網は引き上げられ，ふるいにかかった他の大きな物質とホタテが船上で選別され，そこで乗組員はホタテを開けてきれいにする．ニューベッドフォードのホタテ漁業は，1973年，500万ドルに相当する300万ポンドの年間漁獲量から始まり，現在は，20億ドルに相当する10倍の漁獲量，3,000万ポンドを超すまでに成長した．これは経済の面でも生産量の面でも，アメリカの漁業管理が成し遂げた偉大な成功譚の一つである．その間ずっと，そして今でも，桁網は海底を引きずられ続けてきた．

底引き網も桁網に似たような漁具である．もっとも古くからあるものはビームトロールと呼ばれる単純な底引き網である．大きな梁または長い板（ビーム）が網の口を開けたままにし，フットロープ（網口の下の綱）が海底に沿って引きずられる．そこには小さいローラーが取り付けられていることが多い．現在広く使われている底引き網としては，オッタートロール（第7章，図7-1）がある．オッタートロールには，網を広げるための大きなオッターボード（翼のように動くドア）がついている．どちらの種類の底引き網でも，網の重い部分と非常に重いオッターボードは海底に接触していて，まるで巨大な鋤のように海底を耕すことになる．フットロープも海底を引きずられ，底土を削りとる．多くの場合，底引き網漁は柔らかい泥や砂，砂利状の海底でおこなわれる．さらに，ふつうの底引き網では壊れてしまうような非常に硬い海底でも漁がおこなわれる場合もある．そのようなときに使う道具はロックホッパーと呼ばれている．これは，フットロープにタイヤや車輪が取り付けられたもので，それがなければ引っかかってしまうような大きな岩の上でも通過できるようになっている．ロックホッパーの開発によって，底引き網漁は非常に脆弱な生息域，たとえば珊瑚礁などでもおこなえるようになり，新たな環境問題を引き起こしている．

底引き網や桁網が海底を変化させてしまうことに疑問の余地はない．ただ，その影響の大きさは生息域の種類や自然の攪乱の程度に依存する．海底に接触するような漁具は，サンゴやウミウチワなど，高度な構造物を形成する海洋生物が豊富な場所でもっとも破壊的に働く．底引き網はあっという間にそれらの生物の大部分を取り去り，あとにはまったく異なった生態系しか残されない．自然の構造物に富んだ豊かな生態系での底引き網漁前後の光景は，まさに森林の伐採を思い起こさせるものだろう．このような光景は非常に強い衝撃を与えるもので，環境保護団体が自分たちの反底引き網キャンペーンへの寄付を嘆願するのによく使われている．ほとんどすべての環境保護団体は底引き網漁に反対しており，多くが底引き網漁の完全停止，少なくとも，大幅な削減のために活動している．モントレー湾水族館のような消費者活動団体は，ふつう，底引き網や桁網によって漁獲されたどんな水産物も推奨することはない．

ではなぜ，底引き網や桁網がいまだに使われているのだろうか？

その答えは，儲かるから，である．この答えに憤慨する前に，世界の漁獲の約 20％が底引き網・桁網漁によるものだという事実を考えてみよう．世界への食料供給という点で，この 20％は非常に重要だ．これがなければ，私たちは，大地にもっと多くの肥料や殺虫剤をまき，耕作に適した土地にするために原生林をもっと伐採する必要に迫られるだろう．底引き網漁で漁獲される種のなかには，釣りや壺・罠で漁獲できるものもあるが，大西洋ホタテなど，他の多くは海底に網を引くようなやり方でしか漁獲できないのだ．

底引き網漁は森林の伐採と同じようなものだろうか？

乱獲にまつわる多くの問題と同じく，単純な答えはない．非常に極端な場合，たとえば，嵐によって周期的に攪乱を受けるような柔らかい海底であれば，底引き網はまったくと言っていいほど影響を与えないだろう．逆の極端な場合，たとえば，傷つきやすく高度に構造化され，ほとんど自然の攪乱がないような生息環境では，森林の伐採という比喩はまさにそのとおりである．底引き網の影響を正しく理解するためには，底引き網漁がおこなわれる生息域の種類と自然の攪乱の周期に目を向ける必要がある．ここで，オーストラリアにおいて非常によく調べられた二つの事例を見てみよう．

キース・セインズベリーはオーストラリア連邦科学産業研究機構（Australian Commonwealth Scientific and Industrial Research Organization：CSIRO）で長い間研究をおこなっている海洋生物学者である．彼は台湾の底引き網漁業者が多様な魚種への漁獲権を所有しているオーストラリア北西の熱帯水域を調査し，底引き網漁がおこなわれた海域とそうでない海域を比較した．その結果，底引き網漁がおこなわれている海域では，そうでない海域よりもウミウチワやサンゴから魚に至るすべての海底生物の多様性が非常に低いことが明らかになった．しかし，いったんその海域で底引き網漁が禁止されると，海底の構造は徐々に回復し，より価値の高い魚が再び見られるようになった．結局，底引き網漁による生息域の損失を避け，より価値の高い魚を漁獲するためには，罠のような漁具を用いる必要があるという結論になった．この研究により，セインズベリーは世界の一流科学者に与えられる「日本国際賞」とその副賞（相当額の賞金と天皇陛下との夕食会）を獲得した．

一方，オーストラリアの東端のより有名な場所グレート・バリア・リーフで，同じ CSIRO の別の科学者であるロランド・ピッチャーは，エビ底引き網漁が海底に与える影響を調査した．グレート・バリア・リーフはオーストラリアの北東沿岸域に位置し，ほぼ砂地からなる海底に点在する珊瑚礁の島々と海中の珊瑚礁の複雑なネットワークから構成されている．その海域で重要な漁業となっているエビ底引き網漁は珊瑚礁から離れた島の間の砂地でおこなわれている．その砂地は莫大な波エネルギーを伴った熱帯低気圧が頻繁に海底の砂を巻き上げるような場所である．ピッチャーと彼の同僚は，ある海域で底引き網漁を禁止したり，今まで底引き網漁がおこなわれていなかった別の場所で新しく底引き網漁をしたりするような一連の実験をおこなった．しかし底引き網漁の影響はほとんど検出できなかった．「統計的な解析が必要なときというのは，正しく実験をおこなわなかったときだ」という科学に関する格言がある．ピッチャーとその同僚も，さまざまな統計的手法を駆使した結果，底引き網のわずかな影響をなんとか検出できたにすぎなかった．結局，セインズベリーがオーストラリア北西部で見た底引き網の影響を受けやすいような種は，砂地の海底・海流・高頻度の熱帯低気圧のせいで，最初からグレート・バリア・リーフの砂地には生息していなかったのである．

これらの，そして，他の数百にもおよぶ研究から，底引き網の影響の大きさは生息域の種類に大きく依存することがわかってきた．底引き網が海の生物を根こそぎ漁獲し，すべての生息域を破壊するという極端な批判は，底引き網がおこなわれている場所の大部分ではまったく見当外れのものなのだ．

それに関するもっとも有力な証拠は，底引き網漁が盛んにおこなわれていて，よく研究がなされている三つの海域から得られる．その海域とは，北海・（前述のホタテ漁業がおこなわれている）アメリカの北東沿岸域・メキシコ湾である．それぞれの海域では，1 世紀にわたって盛んに底引き網漁がおこなわれてきた．アメリカの北東沿岸域のニューイングランドでは，平均的に見ると 1 年に 1 回はすべての海域で底引き網漁がおこなわれている．ただし，1 年のうち何回も底引き網漁がおこなわれる場所も，まったく漁がおこなわれない場所もある．メキシコ湾の平均的な漁場では，1 年に 2 回，底引き網漁がおこなわれている．

これらの海域では，大規模な底引き網漁が開始されて 1 世紀たったあとでも，まだ十分な量の魚が持続的に漁獲されている．また，乱獲をやめると，重要な漁業資源の資源量は再び増加した．北海とニューイングランド両海域のタラとモンツキダラは回復中であるか，目標水準にまですでに回復した．メキシコ湾のレッド・スナッパーは増加している．もし底引き網がこれらの魚種の生息域を完全に「殺して」しまっていたとしたら，このようなことは起こりえない．ただし，底引き網や桁網が生態系を（場所によっては相当に）変えてしまうのはたしかなことである．底引き網漁のせいで成長速度が遅くなるような種は実際に見られている．また，底引き網漁によって致命的なダメージを受け，二度と回復できないような種もあるかもしれない．

海底に接触する漁具が世界中の海底に与える影響を正確に把握するために

は，毎年，どのような海底でどのくらい底引き網漁がおこなわれているかを知る必要がある．不幸なことに私たちはまだこの答を得ていない．生息域の分布はほとんどわかっておらず，泥・砂・砂利・硬い海底・珊瑚礁といったさまざまな種類の海底で，底引き網がどのくらいの割合でおこなわれているかという集計データもない．底引き網はふつう硬い海底を避けるだろう，ということくらいしかわかっていない．ただ，ニューイングランドの豊かなホタテ漁場・大西洋の沿岸域・メキシコ湾は，基本的に，底引き網漁が影響をほとんど与えないような柔らかい海底からなっている．

つまり底引き網漁は，森林の皆伐とは異なるものなのである．

底引き漁業者の大部分は，年中同じ漁場で漁をおこなっている．伐採業者だったらそうはできない．一度その場所を皆伐してしまえば，あとにはまったく木が残っていないのだから．漁業者が同じ漁場に何度もいくのは，そこに何度でも魚がいることを，そして，そこでは凸凹の硬い海底に網をとられてしまうことがないことを知っているからである．カナダ西部の底引き網漁業では，オブザーバーが底魚を漁獲したすべての操業についての記録をとっており，その貴重な記録が数年分蓄積されている．ワシントン大学のトレバー・ブランチがその記録を調査した結果，個々の漁業者は，底引き網漁のための 50 ～ 100 セットの航路を GPS に登録し，その航路上で定期的に漁をおこなっていることがわかった．たしかに彼らは，アマゾンの皆伐のように，底引き網を引いた場所を破壊して次に移る，というようなことはしていないのである．企業的な底引き網漁業の大部分は皆伐とはほど遠い．もし，底引き網漁業が魚に必要な生息域を意図的に破壊していたとしたら，はるか昔にそんな漁業はなくなっていたことだろう．

底引き網漁業が新しい漁場，とくに，より深海の脆弱な生息域に進出しつつある，というもっともな懸念もある．アメリカやニュージーランドでは，新たな漁業が参入してくるのを防ぐため，先制して広範囲の深海域で底引き網漁を禁止した．複数の NGO がそのような措置を世界に広げようと国際的な働きかけをおこなっている．

底引き網漁が与えたダメージから生態系が回復するには どのくらいの時間がかかるのか？

それは生息域の種類，とくに，その場所が自然現象によってどのくらいの頻度で攪乱されていたか，ということに依存する．軟体サンゴのように寿命の長い固着性の種が高度な構造体を形成しているような生息域であれば，回復まで数世紀だってかかるかもしれない．自然の攪乱が頻繁におこって，それに慣れているような柔らかい海底であれば，底引き網漁がないときの状態にわずか数年で戻るだろう．

底引き網や桁網に代わる漁獲の方法はあるだろうか？

底引き網や桁網で漁獲されている種の多くは釣りや罠でも漁獲できることがある．浅い海であれば手や銛で採取することもできるだろう．釣りや罠が底引き網と同じくらい効率的で，経済的にも遜色ない場合もある．他の漁法で置き換えられるような底引き網漁があったり，すでに底引き網漁と競合するような漁法があったりするような場所では，底引き網以外の漁法に漁獲枠を再配分できるかどうかを調べるさまざまな試みがすでにおこなわれている．しかし，2011 年の時点では，世界の漁獲量の約 20％を担う底引き網漁業の多くで，経済的に見合うような代替漁法がすぐに見つからないというのが現状である．

第 14 章
海洋保護区

海洋保護区とは何か？

オーストラリア北東の沿岸の沖には世界の海洋生態系の至宝とも言えるグレート・バリア・リーフがある．グレート・バリア・リーフは，オーストラリア，クイーンズランド州の沿岸 2,600km にわたって形成されており，900 の島々と 2,900 の岩礁帯からなっている．生物多様性の高さは世界有数で，世界遺産にも登録されている．グレート・バリア・リーフは世界中でもっとも手厚い保護がなされている海域の一つでもある．1975 年のグレート・バリア・リーフ海洋公園法によりグレート・バリア・リーフの大部分が海洋公園と定められ，グレート・バリア・リーフ海洋公園局（Great Barrier Reef Marine Park Authority：GBRMPA）が保護活動をおこなっている．2011 年現在，33％の海域で，漁業や釣りをはじめとする採取活動が禁止されており，他の海域でもさまざまな人間活動が制限されている．

グレート・バリア・リーフでおこなわれる人間活動は，基本的に観光・遊漁・漁業・輸送の四つである．グレート・バリア・リーフ海洋公園局は，それぞれの活動間の競合を避けるため，「海洋区画（ocean zoning）」と呼ばれる管理方策を導入して海洋の計画的利用をおこなっている．この方策のもとでは，海洋や珊瑚礁は区画に分けられ，各区画にそれぞれの人間活動が割り振られる．さらに，観光も含むすべての人間活動を完全に禁止する区画も設定される．海洋区画は海洋生態系を管理する優れた方法として近年注目を集めるようになってきており，グレート・バリア・リーフはまさに，海洋区画により海洋生態系の保護と持続的利用のどちらも達成できることを示す代表例となっている．

ここで話を終えられるなら良いのだが，現実はそれほど単純ではない．グレート・バリア・リーフの生物多様性は，（1）気候変動（とくに，海洋の温暖化や酸性化・海面上昇），（2）汚染（おもに，本土の農業地域からの堆積物や栄養塩などの流入），（3）石油流出問題，（4）外来種やサンゴの捕食者の急激な増加，(5) 漁業，(6) 漁具やボートの碇・船舶事故による生息域の破壊，といった問題に直面している．気候変動に伴う数々の問題はあまりにも広範囲にわたるため，グレート・バリア・リーフ海洋公園局やオーストラリア政府だけで有効な手が打てるようなものではない．本土の土地利用政策についても，グレート・バリア・リーフ海洋公園局だけで直接解決できるような問題ではなかった．しかし，関係省庁間の調整が積極的に進められ，汚染をできるだけ少なくするための多くの協定が結ばれた．石油流出問題については，グレート・バリア・リーフ内で，その原因である石油の探索や採掘が完全に禁止された．漁獲や生息域破壊の影響は，海洋区画の設定によって最小限に抑えられている．

「海洋保護区（Marine Protected Area：MPA)」とは，その場所である種の人間活動が禁止されているような海域のことである．漁獲が規制されるのがもっとも一般的だが，ときには石油の探索や採掘・海底採鉱も規制の対象となり，観光も規制されることがある．海洋保護区を設置することは，必ずしも人間活動を完全に排除するということではない．人間活動を完全に排除する海洋保護区もあるかもしれないが，状況に応じて保護の程度はさまざまなのである．もっともよく規制されるのは底生性の植物や動物を傷つける底引き網や桁網である．それ以外の漁具を使っている場合でも，商業漁業そのものが禁止されることもある．さらに，釣りによる遊漁を含むどんな漁獲も禁止される場合もある．錨をおろすのを禁止することで観光が制限されたり，人間の立ち入り自体が完全に禁止される場合もある．

つまり「海洋保護区」という言葉は，特定の意味をもつわけでなく，たんに周囲の海域よりも手厚く保護されている海域を指すのに使われている．一方，「禁漁区（marine reserve)」という言葉は，漁業を完全に禁止する海域を表すのがふつうなので，乱獲問題を議論する際にはより適当かもしれない．

海洋保護区で何が守られるだろうか？

2010年に起こったディープウォーター・ホライズン号によるメキシコ湾原油流出事故は，通常の海洋保護区では生態系を深刻な脅威から守ることはできないことを教えてくれた．流出した原油は何百マイルにもわたって広がるのである．さらに，海洋保護区は海洋の温暖化や酸性化・海面高度の上昇に対しても，そして，貧酸素水塊を引き起こす陸地からの汚染物質や泥の流入・外来生物による深刻な被害・違法漁獲に対しても無力である．現在設置されている海洋保護区は漁獲から海洋生態系を守っているにすぎない．そうしたすべてを考えにいれると，海洋保護区で海洋を「保護している」などと言うのはいささか傲慢な考えなのかもしれない．

世界の海域の何割で漁獲が禁止されているか？

漁業管理の手法として禁漁区が使われてきた歴史は長く，伝統的な共同体管理から漁業管理機関による欧米のトップダウン型管理まで広く使われている．漁獲が許可された海域を示す海図を見ると，どこを見てもまるでクレージーキルト（訳注：土台布の上に不規則に布をぬいつける手芸作品）のように見える．産卵親魚や若齢魚を保護するために禁漁になっている場所もあれば，混獲を避けることを目的として禁漁となっている場所もある．さらに，ある特定の漁具の使用を禁止し，それ以外の漁具を使う漁業が有利になることを目的とした禁漁区もある．しかし，漁獲そのものが完全に禁じられている海域（真の禁漁区）は世界の海のなかでもほんのわずかである．

国際協定のなかには，海洋の 10 ～ 20％を海洋保護区として残しておくことを目標に掲げているものがある．また，多くの国は自国の水域に対する海洋保護区の設置について独自の目標を設定している．2007 年時点では，排他的経済水域における海洋保護区の面積はたった 1.6％にすぎず，真の禁漁区となっているのはわずか 0.2％である．

非常に大きな保護区が設定されることもある．グレート・バリア・リーフは 2000 年まで世界最大の保護区であった．2000 年以降は，アメリカに設立された北西ハワイ諸島国立公園（Northwest Hawaiian Islands National Monument）が世界最大の保護区となった．非常に広い海域にわたって底引き網漁業を禁止している国もある．アメリカでは，200 海里水域の 3 分の 2 以上の海域で底引き網のような海底に着底する漁具を禁止している（ただし，その大部分は太平洋側で，漁業をするには深すぎる場所となっているのだが）．ニュージーランドでも 200 海里水域の 30％で底引き網漁を禁止している．

禁漁区は漁業にどのような影響を与えるだろうか？

漁獲のある海域とない海域で魚の量がどのくらい違うかは，大きく分けて次の二つの要因に依存する．一つは禁漁区の外で漁獲がどのくらいおこなわれているか，もう一つは魚の行動範囲と比較したときの禁漁区の大きさである．

長期にわたって設置されていた禁漁区の内側と外側の魚の量を比較した場合，禁漁区の内側の魚の量は，通常，外側よりも2～4倍程度多いことが多くの研究から示されている．

もし禁漁区が小さく，魚が頻繁に遠くまで動き回るような場合，禁漁区の効果はまったく得られないだろう．しかし，魚があまり遠くまで動き回らず，禁漁区の外側の漁獲圧が高い場合，禁漁区の内側の魚は外側の魚の量に比べて5～10倍も多くなるかもしれない．禁漁区の外側における乱獲の程度が大きければ大きいほど，禁漁区の内側の魚の相対的な量は多くなるであろう．

禁漁区の内側は魚の量が多いだけでなく，種の数もより豊富で，高い生物多様性が保たれている．周囲の海域が乱獲状態にあるような禁漁区では，通常，周囲より種数が30％ほど多い．また，釣り針や漁網のせいで小さいうちに死ぬようなことがなくなるため，当然ながら，より高齢でトロフィー級の大きさになるまで生き延びる魚も見られるようになってくる．

それ自体はとてもけっこうなことだ．しかし，漁業者はどこへいくのだろうか？もちろん別の場所だ．禁漁区には，禁漁区外で乱獲や混獲が増加するという負の側面がある．禁漁区の設置によって漁獲努力量が移動したり変化したりすることは，漁業共同体にかなりの混乱をもたらすことがある．（禁漁区を避けるために）以前よりも長く航海しなければならなくなる場合，燃料はより多く必要になり，より多くの温室効果ガスが排出されることになる．また，長く航海すればそれだけ事故のリスクは大きくなり，利益は減り，最悪の場合，まったく漁業ができなくなるような船もでてくるかもしれない．

禁漁区は魚の資源の一部を実質的に「封じ込める」ため，持続的に漁獲できる量（持続生産量）はその分だけ全体的に小さくなる．もし，禁漁区内の一部の資源がずっとそのなかにとどまるのであれば，禁漁区外の漁業で期待される持続生産量は禁漁区内の資源の割合分だけ減るだろう．しかし，禁漁区外の資源が乱獲に陥っているときには，卵や幼魚が禁漁区から来遊し，それによって禁漁区外の漁獲量が増加することもあり得るので，この予測は必ずしも成り立たないかもしれない．

海洋保護区によって魚は増えるか？

海洋保護区が適切に設定されれば，保護区内の魚の数は保護区外の魚の数よりも多いことがほとんどの場合でたしかめられている．しかし，（保護区の設置によって）生態系全体でどのくらい魚が増えたか，という問いに対して一筋縄の答えはない．ふつうに考えれば，禁漁区の設置によって禁漁区外に漁獲努力量が移動し，その増加分だけ禁漁区外の魚の資源量が減ると予想される．しかし，現実がそう予想どおりにいくかはわからない．実際に何が起こっているかを知るためには，禁漁区の設置前後，そして，禁漁区の内側と外側で十分なデータをとる必要がある．しかし，悲しいことに「十分な」データというのはそうあるものではない．禁漁区の内と外の両方で禁漁後に資源量が増加した例がいくつか知られているが，これらの研究では対照区，つまり，禁漁区を設置していない同様の海域からのデータが欠けている．もし，禁漁区の設置の時期が魚にとって環境条件が良くなった時期と偶然一致していたとしたら，必然的に禁漁区の内と外の両方で資源量は増加するだろう．また，禁漁区の内側では資源量が増加し，外側では減少したというような例もある．

一般的な生態学の理論からは，乱獲が大きな問題となっているとき，海洋保護区の設置は生態系全体の魚の数を増やすと予測することができる．禁漁区のなかから隣接する海域に流れ出た卵や幼魚が乱獲されている海域で再生産をおこなうことによって，全体の資源量が増加するのである．

海洋保護区はいくつかの乱獲問題の解決策になりえるのか？

解決策になりえる．過剰な漁獲があるにもかかわらず，漁獲努力量や漁獲量を規制することができないような場合，海洋保護区の設置はその海区内の資源維持に有効な手段となる．ただし，その地域の漁業共同体で禁漁の取り決めがきちんと遵守されるなら，という条件は必要だが．今や，海洋保護区は伝統的かつ近代的な資源管理手法の一つとして小規模漁業に対して広く世界中で用いられているのである．

生産乱獲を回避するための漁業管理システムがすでにあるような場合，海洋保護区はおもに自然公園（自然のままの個体群や群集構造が維持されていて，生態系そのものを乱獲から保護することを目的とした場所）としての役割の方が強くなってくる．そのような場合，海洋保護区そのものは経済乱獲や生産乱獲を防ぐのに役立っているとは言えないかもしれない．

これがまさに，すでに漁業管理システムが確立されている先進国で海洋保護区の設置に賛否両論が起こる理由である．漁業者にとっても遊漁者にとっても，乱獲を防ぐための重い規制がすでにあるのだから，海洋保護区の設置は負担をさらに増やすだけのもので，それが必要であるとはとうてい信じられないのだ．

海のどのくらいの割合を漁業から保護しておくべきか？

すべては目的次第だ．誰の利益のために，何を達成するために保護区を設置するかによって答えは変わってくる．国の経済水域の 10 ～ 30%をさまざまなレベルの保護下におくという国際的な目標はすでに掲げられているが，大部分の国の現状はその目標と程遠いところにある．乱獲を防止するための制度がすでに運用されている国の保護区は，陸地の国立公園のように，代表的な生息域やそこにある生物多様性を保護することを意図して設置されるのがふつうである．ちなみに，陸上の場合，アメリカ合衆国における国立公園の面積は国土の 10%を占めている．生態系管理における多くの問題と同じように，答えは科学的な分析から得られるものでなく，社会的な選択にかかっている．

第 15 章
漁獲が生態系に与える影響

乱獲は生態系にどのような影響を及ぼすのか？

昔の冒険家の記録を紐解くと，新世界における自然の恵みのすばらしさと魚の大きさへの驚きの記述を随所に見ることができる．ジョン・カボットのニューファンドランドへの航海を記した1615年の文書のなかで，ピーター・マルターは「あたりの海にはおびただしい数の魚が群れ，それは船の行く手を遮るほどであった」と書いている．

漁獲は生態系を変えてしまう．漁獲が激しければ激しいほど，その影響は大きくなる．ひどい漁獲に晒された生態系では，生態系の状態が完全に変わってしまうこともある．

変化はさまざまなかたちで起こる．個々の魚が漁獲されていなくなるといった直接的な影響に加えて，捕食者や餌がいなくなることによる間接的な影響，さらには，漁具による物理的な影響もある．これらはすべて異なるかたちで生態系に作用することになる．たいていの場合，高齢魚が最初の標的となる．漁獲圧がさらに高くなると，個体群全体で体サイズが平均的に小さくなり，資源量も少なくなる．長期的に生産量が最大になるような持続的管理がなされている生態系ですら，その場所の資源量は漁業がなかった場合の資源量の 20 ～ 50％に減ってしまう．乱獲状態にある生態系はより大きく変化し，漁獲がない場合に比べて，たった 10％の資源量しかないこともある．

特定の魚種だけを選んで漁獲する場合には，捕食や競争といった種間関係のバランスが変化してしまう．ある捕食者だけが漁獲される場合，その種の餌になっていた種や競争関係にあった種は増加するだろう．一方で，漁獲されていなくなった魚を餌にしていた種は餌不足に陥り，個体数が減ってしまうかもしれない．そのため，漁業がおこなわれている生態系では，海鳥や海産哺乳類の数がより少なくなることが予想される．というのは，食物連鎖を通して上位捕食者まで流れていくはずのエネルギーの多くを人間が消費してしまい，海鳥や海産哺乳類に回らなくなってしまうからである．

このことは，漁獲がおこなわれたあとには，勝者と敗者が常に存在することを物語っている．

ある海域から漁業を締め出せば，今まで漁獲されていた種の資源量は増加する一方で，今まで漁獲されていなかった種の多くは（漁獲されていた種との競争や被食によって）減少するだろう．底引き網や刺し網のように非選択的な漁具は，漁具が通過するところにいる種の大部分を漁獲してしまう．これらの漁法がどれだけ生態系を「壊して」しまうかを語る一般向けの本は世界で数多く出版されている．全体的に見て，漁業がどれだけ多くの生態系を改変してしまったかを語るこうした数々の逸話を，非現実的なものとして軽視することはできない．

しかし，ここで強調しておきたい大切なことがある．それは，持続的な漁業においても資源量は少なくなり，魚の体サイズは小さくなるということである．そして，それは私たちが海に食料を求めるかぎり避けられないことなのだ．

もちろん，持続的な漁業よりも乱獲している漁業の方が漁獲の影響はより深刻になる．環境への影響の大きさは連続的に変わる．漁獲圧が小さければ小さいほど得られる食料は少なく，生態系への影響も小さい．持続的漁業では多くの食料が得られる一方で，生態系をかなり大きく変えてしまう．激しい乱獲状態になると，食料はほとんど得られず，生態系も完全に変わってしまう．

漁具によっても生態系は変わる．第13章で議論したように，海底を引きずられる漁具（底引き網や桁網）は，ウミウチワやサンゴをはじめとした海底に根付く多くの種が形成した構造物の大部分を取り除いてしまう．罠や底釣り漁具でも，海底を引きずるようなことがあれば，海底の群集構造を変えてしまうだろう．

適切な漁獲の強さについて議論する際，長期的に得られる食料の量が最大になるレベルまで漁獲圧を下げるべきという考え方には，現在，ほとんど誰もが同意するであろう．しかし，そのレベルからさらに漁獲圧を下げるべきかについてはまだ一致した見解がない．

有名な海洋冒険家のシルヴィア・アールをはじめとした過激な「保護主義者」は，海全体をそのままで残して，漁獲は完全に排除すべきだと考えている．それとは反対に，大部分の国の政府の漁獲方針は最大限の食料が得られるレベルで漁業を管理することとなっている.

まったく漁獲をしない場合と，長期的に最大の食料生産を得るように漁獲する場合との間で漁獲の大きさを連続的に変えると，持続的な漁獲を達成しつつも，結果が少しずつ違ってくることに注意しよう．食料生産をもっとも重要と考える国は，利益を最大化することに関心がある国より強い漁獲圧で漁獲するだろう．一方で，手つかずの生態系に高い価値を置く国は，漁獲圧をさらに小さくすることになる.

珊瑚礁は漁獲に対してとくに脆弱なのだろうか？

珊瑚礁がとくに傷つきやすいことは明らかで，そのなかでも，長い間かつ多くの場合に強い漁獲圧を受けてきた人間の住む場所に近い珊瑚礁はとくにそうである．底引き網漁が深海に生息する軟体サンゴを破壊してしまうのと同じように，ダイナマイトを使った漁法は珊瑚礁が形成した物理構造を完全に破壊してしまう.

魚・藻類・ウニ・サンゴの間の複雑な相互作用は，生態学的に非常に興味深い．主要な植食魚がいなくなると，藻類が増え，サンゴを覆って窒息させてしまう．一方で，主要な捕食魚を漁獲してしまうと，今度はウニが増加し，珊瑚礁の食物連鎖の土台を形成するサンゴモ類〔藻体に炭酸カルシウム（石灰）を沈着する藻類の一種〕を食べつくしてしまう.

太平洋のさまざまな珊瑚礁で魚の資源量を比較した研究によって，人が多く住んでいる島周辺の魚の資源量は人が住んでいない島のおよそ4分の1であることが示されている．とくに，多くの人が住む島の近くでは大型の捕食魚が少なかった.

珊瑚礁に対する最大の脅威の一つはサンゴの白化現象である．白化現象は通常，海水がとくに暖かい年が続くと起こる．サンゴのなかで生きている微小生物（褐虫藻）がサンゴから吐き出されたり，死んだり，色素を失ったりすることでサンゴが白くなり，白化する．褐虫藻は光合成をしてサンゴが生きるのを助けるため，褐虫藻が戻らずに白化が続く場合，サンゴは死滅してしまうことになる．サンゴの白化は珊瑚礁に生息する魚類群集が激しく漁獲されているような場合に起こりやすいという研究結果が知られている.

栄養カスケードとは何か？

多くの生態系で，捕食者と餌生物は密接に関係している．たとえば，アラスカの沿岸域では，ラッコがウニの主要な捕食者となっている一方，ウニはケルプ（昆布の仲間の大型藻類）を大量に捕食する．毛皮をとるために猟師がラッコを捕りはじめるとすぐにウニの個体群は爆発的に増加し，多くの場所でケルプは壊滅的な打撃を受けた．

アラスカの例のように，食物連鎖の上位に位置していた捕食者がいなくなったことによる生態学的な影響が，食物連鎖を通して下位の種にまで連鎖していくことを栄養カスケード（trophic cascade，cascade は滝という意味）と呼ぶ．

ウィスコンシン大学の二人の生態学者，スティーブ・カーペンターとジム・キッチェルは，栄養カスケードがどのように起こるかを明瞭に示す実験をおこなった．実験に使われたのは，他の魚を食べる魚（魚食魚），動物プランクトンを食べる魚，動物プランクトン，植物プラントンである．そして，遊漁の影響を調べるため，カーペンターとキッチェルは魚食魚の大部分を取り除いた．その結果，魚食魚の餌となっていた動物プランクトン食の魚が増加し，その後すぐに動物プランクトンが減少し，最後に植物プランクトンが増加した．食物連鎖の上位の種への漁獲は滝のように食物連鎖全体に影響を与え，食物連鎖の最底辺にまで及んだのである．

海洋生態系で栄養カスケードがどのくらい起こっているか，そして漁獲がその現象をどのくらい引き起こしているかは明らかでない．珊瑚礁で植食性の魚を除去すると藻類が増加しサンゴを窒息させる，という先に述べたような例はほんの一例で，食物連鎖が一直線の種間関係からなるような場所では確実にもっと多くの例が見出されるであろう．しかし，次の二つの要因によって，漁業が引き起こす大規模な栄養カスケードは緩和されることがわかっている．まず，生態系のなかではさまざまな種が漁獲されるのが一般的だということである．最上位の種だけが漁獲される生態系はめったになく，栄養段階の高い種と低い種が両方とも漁獲されることが多い．次に，海洋生態系というものは，多様な餌を食べる多くの種で構成されているものである．大部分の魚は自分が食べるものをかなり柔軟に変えることができ，ある種がいなくなればすぐに別の種を食べるようになる．A が B を食べ，B が C を食べ，

C が D を食べるという単純な状況はよくあることでなく，むしろ例外的なのだ．

大型魚の餌となる魚には特別な保護が必要か？

海洋生態系のなかで，魚を餌とする鳥類・海産哺乳類・その他多くの魚食魚類の主要な餌となっている魚のことを餌魚（forage fish）と呼ぶ．もっとも一般的な餌魚は，マイワシ・ニシン・カタクチイワシ・シシャモ・ニシン類の小魚・シャッドである．これらの種は水中から微小な生物を濾過して食べる濾過食者で，おもに動物プランクトンを餌としている．海でもっとも数が多い魚の部類にはいり，大きな群れを形成することが多いため，漁獲するのがとくに容易である．ペルーカタクチイワシ漁，ヨーロッパのニシン漁，日本・カリフォルニア・南アフリカのマイワシ漁，アメリカ南東のメンハーデン（ニシン科）漁のように，大量の漁獲がある世界の漁業の大部分は餌魚を漁獲している．

餌魚を漁獲して減らせば，食物連鎖の上位に位置するすべての種の餌が少なくなるのは明らかだ．したがって，ある魚種をどれだけ漁獲して良いか，ということを評価するときには，この点を考慮する必要がある．今までの欧米型の漁業管理では，個々の種の持続生産量だけが考慮されてきた．たとえば，カリフォルニアマイワシの最大持続生産量の計算では，イワシを食べる魚や，その魚を食べる海鳥や海産哺乳類への影響はまったく考慮されていない．しかし現在では，食物連鎖の上位の種を考慮した漁業管理がなされる場合も見られるようになっている．

食物連鎖の上位の種への影響を考慮すれば，明らかに，餌魚への漁獲圧はその種のことしか考えないときよりも低くするべきである．つまり，他の魚種や海鳥・海産哺乳類もまた漁業やレクリエーションのために重要であろうから，それも考慮して餌魚は控えめに漁獲すべき，ということである．餌魚への漁獲が他の生物に与える影響の大きさを実際に推定するのは困難で，推定の精度も悪いことが多いが，持続的と考えられるよりも低い漁獲圧で餌魚を漁獲すべきという考え方は大多数の意見となりつつある．

これに関連して大きな論争の的となっているのが，オキアミをどれだけ漁獲していいか，という問題である．オキアミは小さなエビのような無脊椎動物で，とくに南極海の食物連鎖を支えている．餌魚が食べる微小生物のなかでもっとも大きな割合を占め，大型のヒゲクジラの主要な餌でもある．オキアミの資源量は驚くほど豊富で，その持続生産量は海洋に生息する他のすべての動物の全漁獲量に匹敵するかもしれないとの推定もある．論争の的になっている問題とは，私たちがオキアミを漁獲することで，クジラや他の南極海の生物の食べ物が少なくなってしまうかもしれない，ということである．

混獲とは何か？それはどのくらい重要なのか？

混獲とは，意図していない種，または，望ましくない種を漁具が漁獲してしまうことである．絶滅の危機にさらされている海鳥・海産哺乳類・サメ類・ウミガメ類の混獲はとくに関心が高い問題である．しかし，混獲の大部分を占めているのは，漁業にとって価値がないために船外に投棄されてしまう非漁獲対象種や乱獲のせいで減ってしまって保護を必要としている種である．

投棄は，資源を無駄にしているという点でとくに問題である．1990 年代半ばには，漁獲された魚のおよそ 25％（量にして 2,700 万 t）が船外に捨てられたという推定がなされている．この割合は，現在かなり少なくなったと考えられている．というのは，以前には捨てられていた魚の多くが，今では市場で流通しているからである．しかし，水揚げも販売もされないものが投棄であるから，どのくらい多くが捨てられたかを正確に知ることは不可能である．

混獲や投棄の量は漁業によって大きく異なる．エビを狙う底引き網漁は最悪の部類に入り，エビ 1t の水揚げごとに平均で 5t 以上の魚が投棄されている．逆の極端な例は，一種だけからなる群れを漁獲する沖合漁業やアラスカのスケトウダラ漁業である．アラスカのスケトウダラ漁業における混獲の割合は，多くの場合，漁獲量の 1％以下である．

混獲や投棄を減らすおもな方法は三つある．まず，漁獲のやり方を改良する技術的な解決法である．もっとも有名な例は，おそらく，東部熱帯太平洋のマグロ巻き網漁でイルカの混獲を防ぐ「バックダウン」と呼ばれるやり方である．バックダウンでは，網を引き揚げる前に網の一部を低くする手順を指し，それにより，イルカは混獲される前に網から泳いで逃げることができるようになる．また，ウミガメ排除装置は，エビを狙った底引き網の端に取り付けられ，ウミガメの混獲を防ぐ．延縄漁業でも，釣り針についた餌を狙って海鳥が潜水し，混獲されてしまうのを防ぐため，さまざまな工夫がなされている．混獲を減らす二つ目の方法は，混獲が多い海域を一時的または永続的に禁漁とするものである．そして三つ目の方法は，個々の船や船団に対して混獲量の枠を課すことである．これによって，非対象種の漁獲を抑えるやり方を漁業者自身が見つけだすように仕向けるのである．

生態系に基づく管理は単一種の管理とどう違うのか？

漁業管理での「生態系に基づく管理（ecosystem-based management）」や「生態系アプローチ（ecosystem approach）」は，海洋生態系を構成する種が互いに繋がりあっているという考え方に基づいたものである．さらに，漁業管理をおこなう際に，漁業者と管理システムの両者を考慮しなければならないという考えも含んでいる．20世紀の欧米社会が生んだ漁業管理は，単一種へのアプローチになりがちであった．つまり，対象とする魚資源を調べ，最大持続生産量を達成するための漁獲圧を決め，その漁獲圧になるように漁獲努力量や漁獲量を規制する，というものである．しかし，単一種管理には，混獲・漁具の生態系への影響・漁獲対象種の他種（捕食者や餌種，競争種）への影響を考えていないという欠点がある．また，単一種管理は実際の漁業や管理システムを具体的に考慮していない．種ごとに規制措置がある場合，それらがどのように互いに影響しあうのかを考えていないのである．たとえば，ある種が減少しているような場合，総漁獲量を維持するために別の種への漁獲圧が増加するといったような相互作用があるだろう．

生態系に基づく管理は，世界の多くの漁業管理機関で正式に採用されているが，その実施方法は大きく異なっている．大部分の管理機関では，混獲を減らし，漁獲の影響を受けやすい種を保護するため，漁具規制や漁場の時空間的な規制による具体的な対策をおこなっている．単一種で考えたときに最大持続生産量（MSY）を得る漁獲率よりも低く漁獲率を設定し，MSYとなるときの資源量よりも高い資源水準を目標にするような例も増えてきている．どちらの措置も，漁獲の影響を全体的に減少させるのに効果的だ．また，脆弱な生息域でとくに底引き網の使用を規制したり，あらかじめ広い海域を底引き網の禁止海域に設定したりしている漁業管理機関も多い．

そもそも，生態系に基づく管理というのは全体論的なアプローチで，その多目的性そのもの（海鳥も海産哺乳類もたくさんいる方が良いし，一方で，多くの魚も食べたいし，仕事も十分に欲しい）が大きな問題となる．これらすべての目的を同時に最大化するのは不可能である．これまで，政治家たちは，複数の目的の間のトレードオフ（一方の目的を叶えるために他方を犠牲にすること）のもとで，どのようにバランスをとるべきかを考えることを避けてきた．その結果，管理システムのなかで何を優先するかによって結果が大きく変わってしまうような，ばらばらの対策しかなされないことが多くなってしまうのである．

さらなる問題は，「生態系に基づく管理」の意味合いが立場によって変わるということである．自然保護論者にとっての生態系管理とは，漁獲圧を大きく減らし，海洋の広い範囲から漁業を締め出すことを指す．漁業共同体にとっての生態系管理とは，漁業管理における複数の目的間のバランスをとることにより，自分たちの共同体を維持していくことである．その結果がどうなるか，資源が枯渇しつつあるような種を漁獲する多魚種漁業の場合を考えてみよう．この場合，自然保護論者は漁業のほぼ完全な休漁を選択するだろう．一方，漁業共同体は自分たちの経済基盤を守りつつ，段階的な資源の回復策をとるか，もしくは，生態系全体からの持続生産量を最大化するため，乱獲されている種があっても放っておくという選択をするかもしれない．生態系に基づく管理の目的を食料生産の最大化と捉える人にとっては，魚を食べる海産哺乳類を間引くこともあるかもしれない．一方で海産哺乳類に高い価値を置く人にとって，このような考えは狂気の沙汰にしか思えないだろう．

漁業管理における予防的アプローチとは何か？

漁業管理における予防的アプローチは，環境にとって有害でないとわかるまで行動してはいけないという「予防原則」から進化してきたものである．これは現実に多く見られる状況（乱獲だという明らかな証拠がないかぎり漁業規制が実施されない）に対する反発から生まれたものである．

「予防原則」は非常に保守的な概念である．その主張は，生態系への影響の大きさと持続的な漁獲の強さが明らかになるまで漁業をしてはいけないというものだ．しかし，通常，実際に漁獲して初めてその影響はわかってくるものである．したがって，予防原則から論理的に得られる結論とは，完全に制御された実験ができる場合を除いて，どんな漁獲も許されない，ということになる．

歴史的には，漁業を規制しようとする側が立証責任を負っていた．しかし，予防原則は漁業をする側に立証責任を置くものである．

一方で，「予防的アプローチ」は，行動すること（ここでは，ある一定レベルでの漁獲を許すこと）による潜在的な利益とリスクのバランスをとろうとする考え方である．国連食糧農業機関（FAO）は，漁獲に対する予防的アプローチに関する報告書（参考文献リストを参照のこと）のなかで立証責任について以下のような具体的な記述をしている．「漁業活動を許可する決定の際に用いられる証拠は，漁業活動で期待される利益を考慮しつつ，資源に対する潜在的なリスクに見合うような適切なものでなければいけない」．

FAO の報告書は漁業管理における予防的アプローチの具体的な構成要素を以下のように定義している．(1) 未来の世代における資源の必要性の考慮と不可逆的（元に戻せない）かもしれない変化を回避する．(2) 望ましくない結果をあらかじめ認識して，それを避けるための方法をとるか，そうなってしまった場合に迅速に正すことができるようにしておく．(3) 必要な修正策を遅れることなく実施する．(4) 資源利用による影響の大きさが不確かな場合，資源の生産性を維持する方に優先順位を置く．(5) 漁獲と魚の加工能力は，推定されている資源の持続的な水準に釣り合うようにする．(6) すべての漁獲活動は，事前に管理者からの許可を得，定期的に審査される．(7) 漁業管理のための合法的な，組織化された枠組みをもち，その枠組みのなかでは個々の漁業に対して上に述べた点を実施するための管理計画が設定される．(8) 上の要求を着実に実行するため，適切な側に立証責任を課す．

どのくらいの海産魚類が絶滅の危機に瀕しているのか？

種の絶滅の危険性についてのもっとも信頼できる評価は，国際自然保護連合（International Union for the Conservation of Nature：IUCN）によってなされている．IUCN は絶滅の危険性の高さに応じて種を等級分けするための一連の基準を作成している．その等級は，絶滅の危険性が高い順に，絶滅（extinct），絶滅危惧 IA 類（critically endangered，絶滅の危険性がきわめて高い），絶滅危惧 IB 類（endangered，絶滅の危険性が高い），絶滅危惧 II 類（vulnerable，絶滅の危険が増大している），準絶滅危惧（near threatened，絶滅危惧になる可能性がある），軽度懸念（least concern）と並び，さらに，情報不足（data deficient）という分類もある．「絶滅」は今現在，生存している個体がいないことを意味している．「絶滅危惧 IA 類」と「絶滅危惧 IB 類」は，10 年以内に絶滅する確率がそれぞれ 50%，20%，「絶滅危惧 II 類」は 100 年以内に絶滅する確率が 10%とされる種が分類される．専門家グループによる一連の会合をとおして，すべてではないが，多くの種の絶滅の危険性が IUCN によって評価されている．現在までに，海に生息する鳥類・哺乳類・爬虫類・サメ類のすべての種の評価が終わっている．2008 年時点では，サメ類のおよそ 20%，サンゴ・海鳥・海産哺乳類の 30%，ウミガメ類の 90%が絶滅危惧 IA 類・絶滅危惧 IB 類・絶滅危惧 II 類のどれかに分類されている．サメ類や海産哺乳類については 30%以上が「情報不足」に分類され，評価できない状態にある．

硬骨魚類ですべての種が評価されているのはハタ類だけである．これらの種の多くは熱帯性で，珊瑚礁に生息し，世界各地で激しく漁獲されている．ハタ類のおよそ 15%は絶滅の危険性があると評価されている．すべての分類群からランダムに種を選び，選ばれた種を IUCN の基準で評価するというプロジェクトが IUCN の評価とは独立におこなわれたことがある．その結果，（軟骨魚類のサメとエイを除く）硬骨魚類の 10%強で絶滅の危険性があると評価された．

オレンジラフィーや大西洋クロマグロの絶滅の危険性については一般の人にもよく知られている．どちらの資源も強く漁獲され，100 年前に比べると資源量ははるかに少なくなってしまっている．しかしまだ，大西洋クロマグロは数十万尾，オレンジラフィーは数億尾もいるのである．数百や数千といった個体数の陸上の種と比較すると，海洋生物における絶滅の危険性は信憑性に欠けると言える．これらの種や商業的に重要な他の魚種に対する懸念は絶滅でなく，乱獲が継続していることなのである．オレンジラフィーの場合，ニュージーランドとオーストラリアの両方でオレンジラフィーが生息する広い海域を禁漁としたため，漁業による絶滅は起こりえない．大西洋クロマグロの将来は，今後，漁獲圧を減らせるかどうかにかかっている．

第 16 章
乱獲の現状

世界の漁業資源は乱獲されているか？

漁業資源の現状に関するもっとも信頼できる評価は，国連食糧農業機関（FAO）によるものである．FAO は，2 年に一度，重要な漁業資源の資源状態を報告書として公表している．2008 年の FAO の報告書では，世界の 32% の漁業資源が，「乱獲された（overfished）」，「減少した（depleted）」，または，（減少したものの）「回復しつつある（recovering）」という状態に分類されている．

FAO による資源状態の分類は生産乱獲かどうかを基準にしてなされたものである．もし，経済乱獲や生態系に対する乱獲を基準とすれば，当然ながら，乱獲とされる資源の割合はもっと増えるだろう．

2009 年，私は，世界の漁業資源の資源量を集めたデータベースを構築するプロジェクトに取り組み始めた（序文参照）．データベースにはさまざまな漁業管理機関がおこなった資源評価から得られた資源量の推定値が登録され，現在（本書の執筆時の 2011 年），300 以上の世界の重要な漁業資源が登録されている．登録されている漁業資源は，資源の大半で評価がなされているヨーロッパや北アメリカのものに大きく偏っている．一方，急速に発展しているアジア地域の漁業の多くは，公的機関による資源評価結果がないため，現時点でほとんど登録されていない（訳注：2015 年現在では，アジアから唯一，日本の漁業資源の評価結果が約 20 資源登録されている）．しかし，乱獲問題で広く関心を集めた漁業資源のほとんどは私たちのデータベースでカバーされている．FAO による乱獲の定義から見ても，このデータベースがカバーしている地域の乱獲の度合いは，それ以外の地域よりも高い．

このデータベースから多くのことが明らかになった．たとえば，先進国の大部分で広範囲にわたって乱獲が起こったのは 1980 年代，1990 年台であった．現在でも，これらの地域の資源のおよそ 3 分の 2 は最大持続生産量（MSY）を得るための資源量（B_{MSY}）よりも資源量（B）が少ない（$B < B_{MSY}$）．

また，持続生産量が大幅に減少してしまうほど資源量が少なくなるような乱獲状態にある資源（$B < 0.5B_{MSY}$）も，全漁業資源のなかの約３分の１を占めた．このことから，私たちの結論もまたFAOと同じであると言えよう．

今までに資源の大部分で乱獲が起こらなかった地域は，アラスカとニュージーランドだけである．私たちが入手したデータに基づけば，その他のどの漁業においても，その歴史のどこかで「乱獲」は起こっていたのだ．

一方で明るい話題もある．私たちのデータセットから，世界のほぼあらゆる場所で漁獲圧は着実に減少していることがわかったのだ．2000年代の中頃までに，全体の３分の２の資源で，漁獲圧（F）がMSYを得るための漁獲圧（F_{MSY}）よりも低くなっている（$F < F_{MSY}$）ことが明らかになった．さらに，長期的に見て漁獲量が大幅に減少してしまうほど漁獲圧が高い資源は全体のたった15％だった．これらのことから，このデータベースがカバーしている地域で漁業資源からの食料供給が脅かされることはほとんどない，というじつに喜ばしい結論が導かれることになった．

ただし，経済的・生態系的な観点で見れば，資源の大部分はまだ乱獲中である．３分の１の資源はまだF_{MSY}を上回る漁獲圧で漁獲されているし，経済的利益を長期的に最大にするような漁獲圧（F_{MEY}）と比べると，資源の60％以上で漁獲圧がF_{MEY}よりも高かった．つまり，食料供給という点から見ると現状は非常に明るいと考えられる一方で，経済や生態系の点から見ると改良する余地はまだ十分にあるのだ．

現在のところ，私たちはまだ，アジアやアフリカといった世界の大半を占める地域について，過去の漁獲圧を示すデータを入手できていない．そのため，これらの地域で乱獲された資源があるかどうかを知るのは困難である．しかし，2005年に出された漁業の現状に関するFAOの報告書では，アジアやアフリカで「乱獲された」または「減少した」資源の割合は，ヨーロッパや北アメリカよりもかなり低いとされている．これらアジアやアフリカの国々では，先進国で漁獲圧を減少させたような法的・組織的な枠組みがないために漁獲努力量が今後増加し，それにより乱獲が将来的に増加すること（今は資源状態が悪くないとしても将来的に資源が減少すること）が心配されている．

うまく漁業管理されている国にはどのような特徴があるか？

「うまく管理されている」とはどのようなことを意味するのだろうか？漁業がほとんどなく，生態系がほぼ手つかずのまま残されているような状態を「うまく管理されている」と考える人もいるだろう．また，国あるいは世界にとって最大の経済価値を生み出すような漁業を「うまく管理されている」と考える人もいる．食料安全保障，または，伝統的な漁業共同体や雇用の維持を第一に考える人もいる．

生産乱獲を防ぐための管理という点では，アメリカ・ニュージーランド・ノルウェー・アイスランドがとくに進んでいる．とくにアメリカは，「乱獲」を正式に定義し，それを避けるための活動を義務とする厳格な法律をもつ唯一の国である．2011年，南フロリダ大学のスティーブ・ムラウスキー（アメリカの漁業管理機関における前主席漁業科学者）は，連邦政府が管理している漁業資源で乱獲がなくなったことを宣言した．このような宣言ができるような国はアメリカの他にないだろう．また，ニュージーランドでは乱獲による食料生産の損失が深刻な問題になったことは一度もなく，アイスランドやノルウェーでもそうしたことはほとんど問題になっていない．

では，漁獲生産から経済の方に目を向けてみよう．経済的には，ニュージーランド・アイスランド・ノルウェーが優れている．これらの国々では，漁業船団が漁獲できる最大量がそれぞれの国のもつ漁業資源の潜在的な大きさに見合ったものになっている．つまり，あまりにも多くの漁船が，あまりにも少ない魚を追い回すようなことがないのである．そして補助金はまったくないか，あったとしてもほんのわずかである．とりわけアイスランドの状況は興味深い．アイスランドでは，2000年代に起こった金融バブルの崩壊以前から漁業を主要な産業として社会全体が非常に高い生活水準を達成していた．そこには，海から得られる恵みを最大限に利用する非常に優れた仕組みがあったのである．一方で，世界の他の国の多くでは，魚の水揚げ金額に匹敵する高い補助金のせいで漁業が国家財政を逼迫するほどにまでなっている．

環境的な問題に関して非常に良い成果をあげている国となると，事例がもっと少なくなってしまう．アメリカは自国の経済水域のかなりの部分を国立公園や自然保護区にしており，この分野の優れたリーダーと言える．生産乱獲の削減に成功した国というのは，同時に，人間による生態系への影響を削減した国として見ることもできる．

伝統的な漁業共同体を維持し続けている国の例を挙げるのは難しい．それに関する大規模なデータベースはまだないからである．

ニュージーランド・アイスランド・ノルウェーに共通する重要な点は，国土の大きさと，魚の早獲り競争を終わらせることができたという点である．もともとこれらの国々では，資源の量と漁船の数が見合っていたために今までうまくやってこられた．漁業者が漁場で他の漁業者を出し抜く必要はなく，そのために過剰な漁獲圧と経済的な損失を避けることができているのだ．

国土の大きさが漁業管理の成功にとって重要なのは間違いない．ニュージーランド・アイスランド・ノルウェーは小さな国々で，政治体制も比較的複雑でない．漁業管理がうまくいっている場所では，漁業に関わる利害関係者と政治的勢力がほんの少数で，管理体制が単純な場合が多い．これは政治的な思惑が異なる複数の加盟国の間でうまくバランスを取らざるをえないヨーロッパ連合（EU）のような国よりも，そうでない小さい国々の方が有利だということを示している．マグロ漁業のような公海での漁業の管理を担っている国際漁業管理機関でも，多くの国々の間で合意を得る必要があり，それが管理の成功を妨げている．

ヨーロッパでは漁業に関する合意形成をEU内の各地域に戻そうとする動きがある．それによって，たとえば，イタリアとスペインが自分たちに関係ないバルト海の漁業のごたごたに首を突っ込んでくるのを止めさせることができるかもしれない．もし，意思決定に関して強い政治力をもつグループの数を大きく減らすことができるなら，それは漁業管理の成功へ向けての大きな前進となることだろう．

私の考えでは漁業管理の成功への鍵は三つある．(1) 排他的な利用，(2) 明確な管理目的，(3) 国内の安定した管理基盤である．

漁業をとりまく現状の問題を解決するために補助金はどのくらい重要か？

補助金は次のようなことに使われる．燃料代の引き下げ・漁船の建造資金に対する低金利での貸し付け・他国で漁業権を取得する際の援助・漁船削減に向けた漁船の買戻し・技術援助・資源管理のためのデータ収集と調査などである．これらの補助金のほとんどは政府資金，つまり，納税者からの税金によって賄われている．こうした補助金の結果としてより良い漁業管理がもたらされるなら良いが，実際には過剰な投資と漁獲努力量の増加に繋がることが多い．2000年に世界で費やされた補助金の総額は100億ドルと試算され，それは乱獲を助長する方に使われた．100億ドルのうちの半分強は燃料代に，残りは漁船の建造と政府資金を使った漁業権の取得に費やされたのである．

このような大規模な補助金は海洋資源の社会的・経済的・生態学的な持続的利用を脅かす．補助金が実際にもたらすものは漁業の拡大と高い漁獲圧の助長，そして，その結果としての環境乱獲・経済乱獲・生産乱獲なのである．

消費者活動や認証制度で乱獲を止められるか？

北アメリカやヨーロッパでは，モントレー湾水族館やグリーンピースのような環境保護団体がウェブ上で公開しているさまざまな「カード」を参考にして，消費者が魚を購入することが当たり前になっている．その「カード」には，どの魚種を食べるべきか，または，食べるべきでないかということが記載されている．一方で，アジア・南アメリカ・アフリカでこのようなカードをもっている人はほとんど見られないだろう．今までのところ，消費者活動は世界のなかで乱獲回避にあまり大きな役割を果たしてこなかった．しかし，北アメリカやヨーロッパでは一つの勢力として着実に力をつけつつある．大型小売店に対する影響はとくに重要だ．アメリカのウォルマートやイギリスのテスコのように強い影響力をもつ会社が認証された水産物しか売らないと宣言したとき，漁業者たちはやっと消費者の持つ力に気づくことになったのである．

2007年，人の食料として消費されている世界の漁獲量のうち7%が「持続的」として海洋管理協議会（MSC）認証を受けた．現在，新たに認証されつつある，または，すでに認証された系群はさらに多くなっており，2012年までに大型小売店の多くがMSC認証をもつ魚だけを販売するようになることも予期される．さらに，認証を得るために，生態系への影響や混獲状況を把握することで多くの漁業の管理制度が改善されており，ひいてはそれが生態系へ良い効果を与えている．しかし，水産物の貿易は全地球規模のものであることを忘れてはいけない．現在のところ，世界の大部分の地域では北アメリカやヨーロッパで広く浸透しているような消費者活動を進める準備が十分に整っていない.

漁業・畜産・農業，それぞれが環境に与える影響をどのように比較するか？

まずここで言いたいことは，ただで食事にありつける，というようなことはまずありえないということだ.

私たちはすでに乱獲が環境に与える影響について多くのことを学んできた.そのなかでも，持続的な漁業であったとしても環境に対して無害ではない，ということを覚えておいて欲しい．最良の管理がなされている漁業でも，漁業開始前の手つかずの状態と比べると資源量は少なく，生態系は変わってしまっているのだ．また，漁獲をする際に，他の資源，とくに温室効果ガスの原因となる石油を消費してしまうことは避けられない．もっとも信頼できる評価によると，現代の漁業は食料として消費される漁獲物の 10 倍以上もの炭化水素をその食料を生産するために使っているのである．すなわち，魚を食べることもたしかに環境への負荷へと繋がっているのだ.

このようなことは他のすべての食料生産の手段でも同じことである．そうであるなら，それらが環境に与える負荷はどのくらいか？ということが当然の疑問としてわいてくる．畜産では，家畜を育てるために新鮮な水・抗生物質・飼料を育てるための肥料や殺虫剤などが大量に必要になる．一方，海水面漁業でそれらを必要とするようなことはほとんどない．牛肉・乳牛・子羊の肉などの生産と比べると，海水面漁業の二酸化炭素排出量はずっと少ない.というのは，これらの畜産動物は餌を消化する際に大量の温室効果ガスを生成するからである．もし，二酸化炭素排出量・清潔な水の消費量・汚染・化学薬品の使用に関心があるのであれば，環境にとって優しい選択とは魚を食べることとなる.

生物多様性も漁業にまつわる大きな環境問題の一つである．この点については，同じ「持続的」であっても，漁業と農業との間には根本的な違いがある.

持続的な漁業は魚の資源量を漁獲がないときの資源量の 20 ～ 50％にまで減らしてしまう．しかし，持続的な漁業のもとで一次生産者（植物プランクトンや他の光合成をおこなう微生物など）が獲られるようなことはないし，二次生産者（動物プランクトンやオキアミなど）もほとんど獲られることはない．一方，手つかずの土地を農地に変える場合，生来の植生は土を耕すためにひき抜かれ，別の外来種に置き換えられてしまう．環境に対する全体的な影響の大きさは漁業と農業で比べるまでもないのだ．漁業は農業に比べて本当に少ししか影響を及ぼさないのだから．さらに，漁業があってもきちんと管理されているような生態系は，一見すると手つかずの自然の生態系のように見える．アメリカの（大規模な穀倉地帯がある）グレートプレーンズやヨーロッパのワイン園など，農地になってしまった場所に比べて，そのような海洋生態系では生来の植物相や動物相がずっと豊かに維持されているのだ．

魚と肉のどちらを食べるべきか，ということを問題にしているわけではない．食料安全保障のうえでは両方とも重要で，どちらも環境に対する負荷を軽減するように最善を尽くすべきだ．しかし，心に留めておいてほしいことがある．消費者に警告を発している環境保護団体が漁業管理に対して設けている生物多様性維持のための基準は，農業で考えられている基準よりもずっと厳しいということを．あるパーティーの席で，有名な環境活動家がロブスターを食べるのを拒否し，かわりにステーキを要求したという逸話を聞いたことがある．その選択が環境にどういう結果を及ぼすかを彼女が本当に真剣に考えているのか，首をかしげざるをえない．

私たちはベジタリアンになるべきだろうか？

何を食べるべきかということは，個人が自由に決めるべきものだ．豚や牛などの肉を食べる人よりベジタリアンの方が環境に優しいのはたしかだが．

私の妻はかつて，ワシントン州のシアトルの北，ウィドビー島で野菜農家を営んでいた．5エーカー（約2万 m^2）の土地で120種類の有機野菜を育て，それらの野菜をレストランに卸し，農産物の直売所で売り，90世帯と定期購入の契約をしていた．彼女の農業経営のやり方は，小規模で，地域に根付いた，そして，有機野菜生産のお手本のようだった．おそらく読者はこれを本当にすばらしいことと思うだろう．

しかし，その5エーカーは，1850年の昔，温帯降雨林に覆われていた場所だった．妻の5エーカーの有機農地は環境に配慮した現代における食料生産の理想形とも言えるものだが，それは5エーカーの手つかずの自然にあふれた生息地を犠牲にしたものなのだ．春に耕作したあとに1850年にあった生来の植物が一片も残っているわけなどなく，かつてそこにあった生物多様性のすべては完全に失われてしまっているのだ．一方で，ワシントン州沿岸沖の海は，1850年の状態と違っているかもしれないが，当時の面影を残している．そこにいる種の相対的な個体数は昔と違っているかもしれないが，今でもそこに以前と同じ種を，そして，以前と同じ多様な生息域を見ることができるのだから．

ベジタリアンとはいえ食事にかかる環境への負担は相当なもので，魚を含む食事と比べてずっと少ないとはかぎらない．もちろん選択はあなた自身に委ねられている．

乱獲を止めるためには何が必要か？

ボリス・ワームと私が率いたグループの研究が終わる頃には，欧米の漁業管理機関ですでに広く使われているさまざまな管理手法でも，生産乱獲の問題を解決できることがわかってきた．それらの管理手法とは，総漁獲量・漁具・努力量の規制や保護区の設置のような伝統的な手法である．政府に十分な資金があって，漁船が管理ルールを遵守しているのであれば，そのようなトップダウン型の管理はちゃんと働くのである．ただし，漁業者が管理ルールを遵守するためには，管理をおこなうことで自分たちにも恩恵があることを漁業者が納得している必要がある．漁業者が管理プロセスを理にかなったものとして受け入れ，政府にその管理を実行する力があるのであれば，欧米式の漁業管理はうまくいくのである．

太平洋のオヒョウの例でみたように，生産乱獲を解決した方法が必ずしも経済乱獲の解決にも効果的なわけではない．しかし，他の人が獲ってしまう前に魚を獲ろうとするような漁業者間の競争を抑制するやり方は，経済乱獲の問題の解決にかなり効果があるだろう．政府や社会機構を通して漁獲枠を漁業者個人や団体に配分し，漁業者が排他的な利用権を得るようにできれば，魚の先獲り競争は駆逐できる．ただし，利用権を得られなかった人々や自分への割り当て量を不満に感じる人々との間で不和が起こることは避けられない．

小規模漁業には違った解決策が必要だ．中央政府が厖大な数の小規模漁業のすべてを管理できるような場合はほとんどありえない．成功する道は，ほぼ必ずと言っていいほど，地域共同体に漁業管理権を移譲することにある．漁業管理権を委譲された地域共同体管理では，地域共同体がデータ収集・管理の実施に対して主要な，または，すべての役割を担うことになる．この場合もやはり排他的な利用権こそが成功への必要条件なのである．

生物的・経済的な持続可能性を実現するための第一歩は，企業的漁業でも小規模漁業でも，漁船の操業や建造に対する補助金を排除することだ．漁業は，アイスランド・ノルウェー・ニュージーランドですでにそうであるように，沿岸国すべてにとって巨万の富の源となるべきものだ．多くの国々が自分たちの漁業資源から得られたであろう富を過剰投資や過剰漁獲のせいで無駄にしているのを目のあたりにすることほど悲しいことはない．

参考文献

Food and Agriculture Organization (FAO). *State of the World's Fisheries and Aquaculture 2010*. Rome: FAO, 2010. http://www.fao.org/docrep/013/i1820e/i1820e00.htm

Grafton, R. Q., R. Hilborn, D. Squires, M. Tait, and M. Williams. *Handbook of Marine Fisheries Conservation and Management*. Oxford:Oxford University Press, 2010.

Haddon, M. *Modeling and Quantitative Methods in Fisheries, Second Edition*. London:Chapman and Hall, 2011.

Hilborn, R., T. A. Branch, B. Ernst, A. Magnusson, C. V. Minte-Vera, M. D. Scheuerell, and J. L. Valero. "State of the World's Fisheries." *Annual Review of Environment and Resources* 28 (2003): 359-99.

Worm, B., R. Hilborn, J. K. Baum, T. A. Branch, J. S. Collie, C. Costello, M. J. Fogarty, E. A. Fulton, J. A. Hutchings, S. Jennings, O. P. Jensen, H. K. Lotze, P. M. Mace, T. R. McClanahan, C. Minto, S. R. Palumbi, A. Parma, D. Ricard, A. A. Rosenberg, R. Watson, and D. Zeller. "Rebuilding Global Fisheries." *Science* 325 (2009): 578-85.

田中栄次. *新訂 水産資源解析学*. 成山堂書店. 2012.

田中昌一. *水産資源学を語る*. 恒星社厚生閣. 2001.

第１章　乱獲　Overfishing

Finlayson, A. *Fishing for Truth: A Sociological Analysis of Northern Cod Stock Assessments from 1977-1990*, Vol. 52. St. Johns, Newfoundland, Canada: Institute of Social and Economic Research, Memorial University of Newfoundland, 1994.

Harris, L. *Independent Review of the State of the Northern Cod Stock*. Ottawa, Ontario, Canada: Minister of Supply and Services, 1990.

Hilborn, R., and E. Litsinger. "Causes of Decline and Potential for Recovery of Atlantic Cod Populations." *The Open Fish Science Journal* 2 (2009): 32-38.

Hutchings, J. A., and R. A. Myers. "What Can Be Learned from the Collapse of a Renewable Resource? Atlantic Cod, *Gadus morhua*, of Newfoundland and Labrador." *Canadian Journal of Fisheries and Aquatic Sciences* 51, no. 9 (1994): 2126-46.

Rice, J. C. "Every Which Way but Up: The Sad Story of Atlantic Groundfish, Featuring Northern Cod and North Sea Cod." *Bulletin of Marine Science* 78, no. 3 (2006): 429-65.

Rothschild, B. "Coherence of Atlantic Cod Stock Dynamics in the Northwest Atlantic Ocean." *Transactions of the American Fisheries Society* 136 (2007): 858-74.

第２章　乱獲の歴史　Historical Overfishing

Best, P. B. "Recovery Rates in Whale Stocks that Have Been Protected from Commercial Whaling for at Least 20 Years." *Renport of the International Whaling Commission* 40 (1990): 129-30.

Bockstoce, J. *Whales, Ice, and Men: The History of Whaling in the Western Arctic*. Seattle: University of Washington Press, 1986.

Stoett, P. J. *The International Politics of Whaling*. Vancouver: UBC Press, 1997.

笠松不二男. *クジラの生態*. 恒星社厚生閣. 2000.

マーク・カーワディーン．*クジラとイルカの図鑑―完璧版*．日本ヴォーグ社．1996/4

第３章　漁業の回復　Recovery of Fisheries

DiBendetto, D. *On The Run, an Angler's Journey Down the Striper Coast*. New York: William Morrow, 2003.

Greenberg, P. *Four Fish, the Future of the Last Wild Food.* New York:Penguin Press, 2010.

Richards, R. A., and P. J. Rago. "A Case History of Effective Fishery Management: Chesapeake Bay Striped Bass." *North American Journal of Fisheries Management* 19 (1999): 356-75.

第４章　漁業管理の近代化　Modern Industrial Fisheries Management

Bering sea pollock species profile. http://www.npfmc.org/wp-content/PDFdocuments/resources/SpeciesProfiles2015.pdf.

Bering sea groundfish management plan. http://www.npfmc.org/wp-content/PDFdocuments/fmp/BSAI/BSAIfmp.pdf.

Greenpeace's comments on the Alaska pollock fishery. http://www.greenpeace.org/international/en/news/features/billion-dollar-fishing-industr101008/

第５章　経済乱獲　Economic Overfishing

Casey, K. E., C. M. Dewees, B. R. Turris, and J. E. Wilen. "The Effects of Individual Vessel Quotas in the British Columbia Halibut Fishery." *Marine Resource Economics* 10, no. 3 (1995):211-30.

Clark, W. G., and S. R. Hare. "Effects of Climate and Stock Size on Recruitment and Growth of Pacific Halibut." *North American Journal of Fisheries Management* 22 (2002): 852-62.

Clark, W., and S. Hare. *Assessment of the Pacific Halibut Stock at the End of 2002*. Report of the Assessment and Research Activities. Seattle: International Pacific Halibut Commission, 2002.

Deacon, R. T., D. P. Parker, and C. Costello. "Improving Efficiency by Assigning Harvest Rights to Fishery Cooperatives: Evidence from the Chignik Salmon Co-op." *Arizona Law Review* 50 (2008): 479-509.

Gordon, H. S. "The Economic Theory of a Common-Property Resource: The Fishery." *Journal of Political Economy* 62 (1954): 124-42.

Gutierrez, N. L., R. Hilborn, and O. Defeo. "Leadership, Social Capital and Incentives Promote Successful Fisheries." *Nature* 440 (2011): 386-89.

Hardin, G. "The Tragedy of the Commons." *Science* 162 (1968): 1243-48.

Ostrom, E. *Governing the Commons: The Evolution of Institutions for Collective Action*. Cambridge: Cambridge University Press, 1990.

第６章　気候と漁業　Climate and Fisheries

Brander, K. M. "Global Fish Production and Climate Change." *Proceedings of the National Academy of Sciences, USA* 104, no. 50 (December 2007): 19709-14.

Cushing, D. *Climate and Fisheries*. London: Academic Press, 1982.

Doney, S. C. "The Dangers of Ocean Acidification." *Scientific American* 294, no. 3 (2006): 58-65.

Food and Agriculture Organization (FAO). "Climate Change Implications for Fisheries and Aquaculture. Overview of Current Scientific Knowledge." Fisheries and Aquaculture Technical Paper 530. Rome: FAO, 2009.

Lluch-Belda, D., R. J. M. Crawford, T. Kawasaki, A. D. MacCall, R. H. Parrish, R. A. Schwartzlose, and P. E. Smith. "World-wide Fluctuations of Sardine and Anchovy Stocks: The Regime Problem." *South African Journal of Marine Science* 8 (1989): 195-205.

Soutar, A., and J. D. Isaacs. "Abundance of Pelagic Fish during the 19th and 20th Centuries as Recorded in Anaerobic Sediment off the Californias." *Fishery Bulletin* 72, no. 2 (1974): 257-73.

谷津明彦，渡邊千夏子．*減ったマイワシ，増えるマサバ—わかりやすい資源変動のしくみ*．成山堂書店．2011.

第７章　多魚種漁業　Mixed Fisheries

Daan, N. "Changes in Cod Stocks and Cod Fisheries in the North Sea." *Rapports et Procés-verbaux des Réunions du Conseil International pourl'Exploration de la Mer* 172 (1978): 39-57.

Poulsen, R. T. 2007. *An Environmental History of North Sea Ling and Cod Fisheries 1840-1914*. Esbjerg, Denmark: Syddansk University.

Rijnsdorp, A. D., P. I. vanLeeuwen, N. Daan, and H. J. L. Heessen. "Changes in Abundance of Demersal Fish Species in the North Sea between 1906-1909 and 1990-1995." *ICES Journal of Marine Science* 53 (1996): 1054-62.

Rogers, S., and J. R. Ellis. "Changes in the Demersal Fish Assemblages of British Coastal Waters during the 20th Century." *ICES Journal of Marine Science* 57 (2000): 866-81.

第８章　公海漁業　High Seas Fisheries

Fromentin, J. M. "Atlantic Bluefin." Chapter 2.1.5 in *ICCAT Field Manual,* 2006. http://www.iccat.int/Documents/SCRS/Manual/CH2/2_1_5_BFT_ENG.pdf.

Fromentin, J. M., and C. Ravier. "The East Atlantic and Mediterranean Bluefin Tuna Stock: Looking for Sustainability in a Context of Large Uncertainties and Strong Political Pressures." *Bulletin of Marine Science* 76, no. 2 (2005): 353-62.

MacKenzie, B. R., H. Mosegaard, and A. A. Rosenberg. "Impending Collapse of Bluefin Tuna in the Northeast Atlantic and Mediterranean." *Conservation Letters* 2 (2009): 25-35.

McAllister, M. K., and T. Carruthers. "Stock Assessment and Projections for Western Atlantic Bluefin Tuna Using a BSP and other SRA Methodology." *Collective Volume of Scientific Papers ICCAT* 62, no. 4 (2008): 1206-70.

第９章　深海漁業　Deepwater Fisheries

Branch, T. A. "A Review of Orange Roughy (*Hoplostethus atlanticus*) Fisheries, Estimation Methods, Biology and Stock Structure." *South African Journal of Marine Science—Suid-Afrikaanse Tydskrif Vir Seewetenskap* 23 (2001): 181-203.

Clark, M. "Are Deepwater Fisheries Sustainable? The Example of Orange Roughy (*Hoplostethus atlanticus*) in New Zealand." *Fisheries Research* 51, nos. 2-3 (2001): 123-35.

Francis, R. I. C. C., and M. R. Clark. "Sustainability Issues for Orange Roughy Fisheries." *Bulletin of Marine Science* 76, no. 2 (2005): 337-52.

Hilborn, R., J. Annala, and D. S. Holland. "The Cost of Overfishing and Management Strategies for New Fisheries on Slow-growing Fish: Orange Roughy (*Hoplostethus atlanticus*) in New Zealand." *Canadian Journal of Fisheries and Aquatic Sciences* 63, no. 10 (2006): 2149-53.

World Wildlife Fund Web site. http://www.worldwildlife.org/press-releases/rough-seas-for-orange-roughy-popular-u-s-fish-import-in-jeopardy

第 10 章　遊漁　Recreational Fisheries

American Sportfish Association Web site http://asafishing.org/uploads/2011_ASASportfishing_in_America_Report_January_2013.pdf

Cooke, S. J., and I. G. Cowx. "Contrasting Recreational and Commercial Fishing: Searching for Common Issues to Promote Unified Conservation of Fisheries Resources and Aquatic Environments." *Biological Conservation* 128, no.1 (2006): 93-108.

Pitcher, T. J., and C. Hollingworth, eds. *Recreation Fisheries: Ecological, Economic, and Social Evaluations*. Hoboken, NJ: Wiley-Blackwell, 2002.

第 11 章　小規模伝統漁業　Small-scale and Artisanal Fisheries

Castilla, J. C., and M. Fernández. "Small-scale Benthic Fishes in Chile: On Co-management and Sustainable Use of Benthic Invertebrates." *Ecological Applications* 8 (Supplement) (1998): S124-S132.

Castilla, J. C., and O. Defeo. "Latin American Benthic Shellfisheries: Emphasis on Co-management and Experimental Practices." *Reviews in Fish Biology and Fisheries* 11 (2001): 1-30.

Castilla, J. C., P. Manriquez, J. Alvarado, A. Rosson, C. Pino, C. Espoz, R. Soto, D. Oliva, and O. Defeo. "Artisanal 'Caletas' as Units of Production and Comanagers of Benthic Invertebrates in Chile. " Proceedings of the North Pacific Symposium on Invertebrate Stock Assessment and Management. *Canadian Special Publication of Fisheries and Aquatic Sciences* 125 (1998): 407-13.

Gelcich, S., T. P. Hughes, P. Olsson, C. Folke, O. Defeo, M. Fernandez, S. Foale, L. H. Gunderson, C. Rodriguez-Sickert, M. Scheffer, R. S. Steneck, and J. C. Castilla. "Navigating Transformations in Governance of Chilean Marine Coastal Resources." *Proceedings of the National Academy of Sciences of the United States of America* 107 (2010):16794-99.

Gutierrez, N. L., R. Hilborn, and O. Defeo. "Leadership, Social Capital and Incentives Promote Successful Fisheries." *Nature* 470 (2011): 386-89.

Orensanz, J. M., and A. M. Parma. "Chile—Territorial Use Rights: Successful Experiment?" *Samudra* 55 (2010): 42-46.

San Martín, G., A. M. Parma, and J. M. Orensanz. "The Chilean Experience with Territorial Use Rights in Fisheries." In *Handbook of Marine Fisheries Conservation and Management,* eds. R. Q. Grafton, R. Hilborn, D. Squires, M. Tait, and M. Williams, 324-37. Oxford:Oxford University Press, 2009.

Townsend, R., R. Shotton., and H. Uchida. "Case Studies in Fisheries Self-governance." FAO fisheries technical paper 504. Rome: Food and Agriculture Organization of the United Nations, 2008.

第12章　違法漁獲　Illegal Fishing

Agnew, D., J. Pearce, G. Pramod, T. Peatman, R. Watson, J. R. Beddington, and T. J. Pitcher. "Estimating the Worldwide Extent of Illegal Fishing." PLoS ONE (2009) e4570. doi:10.1371/journal.pone.0004570.

Knecht, G. B. *Hooked: Pirates, Poaching and the Perfect Fish*. Emmaus, PA:Rodale Press, 2006.

Lack, M. *Continuing CCAMLR's Fight against IUU Fishing for Toothfish*. WWF Australia and TRAFFIC International, 2008. http://www.wwf.or.jp/activities/upfiles/08-Continuing_CCAMLRs_Fight.pdf.

第13章　底引き網が生態系に与える影響　Trawling Impacts on Ecosystems

Collie, J. S., S. J. Hall, M. J. Kaiser, and I. R. Poiner. "A Quantitative Analysis of Fishing Impacts on Shelf-sea Benthos." *Journal of Animal Ecology* 69, no. 5 (2000): 785-98.

Hiddink, J. G., S. Jennings, M. J. Kaiser, A. M. Queirós, D. E. Duplisea, and G. J. Piet. "Cumulative Impacts of Seabed Trawl Disturbance on Benthic Biomass, Production, and Species Richness in Different Habitats." *Canadian Journal of Fisheries and Aquatic Sciences* 63, no.4 (2006): 721-36.

Jennings, S., and M. J. Kaiser. "The Effects of Fishing on Marine Ecosystems." *Advances in Marine Biology* 34 (1998): 201-352.

National Research Council. *Effects of Trawling and Dredging on Seafloor Habitat*. Committee on Ecosystem Effects of Fishing: Phase 1-Effects of Bottom Trawling on Seafloor Habitats. Ocean Studies Board, Division of Earth and Life Sciences, National Research Council. Washington, DC: National Academy Press, 2002.

Pitcher, C. R., C. Y. Burridge, T. J. Wassenberg, B. J. Hill, and I. R. Poiner. "A Large Scale BACI Experiment to Test the Effects of Prawn Trawling on Seabed Biota in a Closed Area of the Great Barrier Reef Marine Park, Australia." *Fisheries Research* 99, no. 3 (2009): 168-83.

Sainsbury, K. J. "Application of an Experimental Approach to Management of a Tropical Multispecies Fishery with Highly Uncertain Dynamics." *ICES Marine Science Symposia* 193 (1991): 301-20.

Sainsbury, K. J., R. A. Campbell, R. Lindholm, and A. W. Whitlaw. "Experimental Management of an Australian Multispecies Fishery: Examining the Possibility of Trawl-induced Habitat Modification." In *Global Trends. Fisheries Management,* eds. E. K. Pikitch, D. D. Huppert and M. P. Sissenwine, 107-12. Seattle: American Fisheries Society, 1997.

Watling, L., and E. A. Norse. "Disturbance of the Seabed by Mobile Fishing Gear: A Comparison to Forest Clearcutting." *Conservation Biology* 12, no. 6 (1998): 1180-97.

第 14 章　海洋保護区　Marine Protected Areas

Great Barrier Reef Marine Park Authority. *Outlook Report*. http://www.gbrmpa.gov.au/managing-the-reef/great-barrier-reef-outlook-report.

Hilborn, R., K. Stokes, J. J. Maguire, T. Smith, L. W. Botsford, M. Mangel, J. Orensanz, A. Parma, J. Rice, J. Bell, K. L. Cochrane, S. Garcia, S. J. Hall, G. P. Kirkwood, K. Sainsbury, G. Stefansson, and C. Walters. "When Can Marine Reserves Improve Fisheries Management?" *Ocean Coastal Management* 47 (2004): 197-205.

Jennings, S. "Role of Marine Protected Areas in Environmental Management." *ICES Journal of Marine Science* 66 (2009): 16-21.

National Research Council. *Marine Protected Areas: Tools for Sustaining Ocean Ecosystems.* Washington, DC: National Academy Press, 2001.

Norse, E. A., C. B. Grimes, S. Ralston, R. Hilborn, J. C. Castilla, S. R. Palumbi, D. Fraser, and P. Kareiva. "Marine Reserves: The Best Option for Our Oceans?" *Frontiers in Ecology and Evolution* 1 (2003):495-502.

Wood, L. J., L. Fish, J. Laughren, and D. Pauly. "Assessing Progress towards Global Marine Protection Targets: Shortfalls in Information and Action." *Oryx* 42 (2008): 340-51.

第 15 章　漁獲が生態系に与える影響　Ecosystem Impacts of Fishing

Carpenter, S. R. and J. F. Kitchell, eds. *The Trophic Cascade in Lakes*. Cambridge: Cambridge University Press, 1996.

Carpenter, S. R., J. J. Cole, J. F. Kitchell, and M. L. Pace. "Trophic Cascades in Lakes: Lessons and Prospects." In *Trophic Cascades*, eds. J. Terborgh and J. Estes, 55-70. Washington, DC: Island Press, 2010.

Pikitch, E. K., C. Santora, E. A. Babcock, A. Bakun, R. Bonfil, D. O. Conover, P. Dayton, P. Doukakis, D. Fluharty, B. Heneman, E. D. Houde , J. Link, P. A. Livingston, M. Mangel, M. K. McAllister, J. Pope, and K. J. Sainsbury. "Ecosystem-Based Fishery Management." *Science* 305 (2004): 346-47.

第 16 章　乱獲の現状　The Status of Overfishing

Branch, T. A., O. P. Jensen, D. Ricard, Y. Ye, and R. Hilborn. "Contrasting Global Trends in Marine Fishery Status Obtained from Catches and from Stock Assessments." *Conservation Biology* 25 (2011): 777-86.

Hilborn, R., T. A. Branch, B. Ernst, A. Magnusson, C. V. Minte-Vera, M. D. Scheuerell, and J. L. Valero. "State of the World's Fisheries." *Annual Review of Environment and Resources* 28 (2003): 359-99.

Hutchings, J. A., C. Minto, D. Ricard, J. K. Baum, and O. P. Jensen. "Trends in Abundance of Marine Fishes." *Canadian Journal of Fisheries and Aquatic Sciences* 67 (2010): 1205-10.

Jackson, J. B. C., M. X. Kirby, W. H. Berger, K. A. Bjorndal, L. W. Botsford, B. J. Bourque, R. H. Bradbury, R. Cooke, J. Erlandson, J. A. Estes, T. P. Hughes, S. Kidwell, C. B. Lange, H. S. Lenihan, J. M. Pandolfi, C. H. Peterson, R. S. Steneck, M. J. Tegner, and R. R. Warner. "Historical Overfishing and the Recent Collapse of Coastal Ecosystems." *Science* 293 (2001): 629-37.

Lotze, H. K., H. S. Lenihan, B. J. Bourque, R. H. Bradbury, R. G. Cooke, M. C. Kay, S. M.

Kidwell, M. X. Kirby, C. H. Peterson, and J. B. C. Jackson. "Depletion, Degradation, and Recovery Potential of Estuaries and Coastal Seas." *Science* 312 (2006): 1806-09.

Worm, B., R. Hilborn, J. K. Baum, T. A. Branch, J. S. Collie, C. Costello, M. J. Fogarty, E. A. Fulton, J. A. Hutchings, S. Jennings, O. P. Jensen, H. K. Lotze, P. M. Mace, T. R. McClanahan, C. Minto, S. R. Palumbi, A. Parma, D. Ricard, A. A. Rosenberg, R. Watson, and D. Zeller. "Rebuilding Global Fisheries." *Science* 325 (2009): 578-85.

訳者あとがき

「漁業資源の管理」というのは，一般の人にとってあまり耳慣れない言葉かもしれない．漢字の意味からだいたいの想像はつくだろうが，実際にどのようなことをやっているのか，どのようにしておこなわれているのか，ということを知る人はほとんどいないのではないだろうか．一方で，「乱獲による漁業資源の危機」とか「マグロが食べられなくなる！」といった新聞やメディアの見出しはやたら目につき，「獲りすぎ＝乱獲＝魚が食べられなくなる？」という問題意識は皆が共有しはじめているところである．訳者が本書の翻訳出版を考えた理由もそこにある．日本でも広く知れわたっている乱獲問題において，具体的な解決への道筋「どのように漁業資源を管理すれば解決できるのか？」「どのようなことが解決への妨げになっているのか？」を多くの人が知り，考えてもらいたかった．

本書は，乱獲に対する問題意識の提起だけにとどまらず，乱獲問題をどのように解決すればいいかを科学的な裏付けと豊富な実例とともに紹介した本である．「悪魔は細部にこそ宿る」と序章で述べられているように，乱獲問題は一つの単純な問題ではない．管理が十分になされていないために獲りすぎてしまう場合だけでなく，管理されているが経済的に無駄が多い場合（第5章：経済乱獲），管理よりも気候変動に資源が大きく影響を受けるような場合（第7章：気候と漁業），管理方法が提案されているにも関わらずそれを実施できない場合（第8章：公海漁業），情報の不足のために資源量の正確な推定値が得られず，結果として乱獲してしまう場合（第9章：深海漁業）など，さまざまなケースがある．当然，それに対する解決策も千差万別である．すでに解決策が提案されている問題もあれば，いまだ解決策が見つかっていない問題もある．

本書の著者であるヒルボーン教授は世界でも五本の指にはいる偉大な漁業資源学者で，本書には著者が漁業資源管理の現場で今まで学んだこと・研究したこと・考えたことが込められている．そしてそれらを平易な文章で，できるだけ専門用語や数式の使用を避けながら説明してくれている．これは，漁業資源の専門家だけでなくこの問題に関心があるすべての人にこの本を読んでもらいたい，という著者の意図によるものである（翻訳もできるだけその意図を汲み，平易な文章になるように心がけた）．また，本書の記述の大部分は科学的な研究に裏付けられたもので（巻末の「参考文献」には記述のもととなった科学論文のリストがある），漁業資源学者や漁業資源管理者などの専門家にとっても読み応えがある内容である．この本をきっかけとし，海から得られる魚資源に興味をもつ多くの人が乱獲問題とその解決策の多様性に触れ，世界や日本の漁業資源を今後どのように持続的に利用していけばいいかを皆で議論できるようになれば良いと思う．

日本の漁業資源の状態や管理方法については，著者が「日本語版にむけて」で述べているように，本書での記述がほとんどない．これは日本の漁業資源の現状が世界のなかでほとんど知られていないためである．日本の漁業資源においても，当然，多様な乱獲問題が存在する．そして，海外でうまくいった管理手法が必ずしも日本でうまくあてはまるとはかぎらない．しかし，本書で紹介されている海外の事例や水産資源学の基礎的な理論は，私たち自身の方法で日本の乱獲問題を解決するためのヒントを提供してくれるだろう．

読みやすさと原著の表現を優先し，本書に登場する魚の名前は厳密な種名でない部分がある．たとえば，大西洋で漁獲されるニシンは日本近海で獲れるニシン（*Clupea pallasii*）とは別種のタイセイヨウニシン（*Culupea harengus*）であるが，ここではたんに「ニシン」と表記している．同様に，大西洋で漁獲されるタラはタイセイヨウマダラ（*Gadus morhua*，タイセイヨウダラとも呼ばれる）で，日本周辺で見られるマダラ（*Gadus macrocephalus*）とは別種である．また，海洋管理協議会（MSC）に関する記述については，原著の記述と若干異なる部分がある．これはMSC日本支部の協力と著者の許可のもとで，より正確な表現になるように変更したものである．

この翻訳本の出版にあたっては多くの方々にお世話になった．まず，この本の編集・出版に尽力して下さった東海大学出版部の稲 英史氏，田志口克己氏に深く感謝申し上げる．水産総合研究センターの金治 佑氏，西嶋翔太氏，黒田啓行氏，NPO法人霧多布湿原ナショナルトラストの河内直子氏，東京大学大気海洋研究所の平松一彦准教授，統計数理研究所の江口真透教授，福井大学の小森 理特命講師には翻訳文の校閲と感想を頂いた．東海大学の武藤文人准教授には種名の記載について，東京海洋大学の北門利英准教授には捕鯨の国際的な条約の詳細について，通訳の山影葉子氏には序文の翻訳についてご指導をいただいた．水産総合研究センターの角田理恵氏には，本文の最終校閲に協力していただいた．また，原著には写真や図の掲載がなかったが，水産総合研究センターの西村 明氏，境 磨氏，水産総合研究センター広報室，MSC 日本支部，National Institute of Water and Atmospheric Research of New Zealand の Sophie Mormede 氏，Universidad Arturo Prat, Iquique-Chile の Pedro Pizarro Fuentes 氏，International Pacific Halibut Commission，Chesapeake Bay Program，Kara Mahoney/New England Aquarium，International Whaling Commission の協力を得て，扱われている魚や漁業がどのようなものかを写真や図として掲載することができた．最後に，このすばらしい本を著して下さったヒルボーン教授夫妻，とりわけ，この本の翻訳出版を応援し，日本語版への序文を提供してくれ，不明な点に関する質問について逐一親切に答えて下さったヒルボーン教授に心からの感謝を捧げたい．

市野川桃子・岡村 寛

索引

人名索引

生物名索引

項目名索引

【数字】

【A】

【C】

【E】

【F】

【G】

【I】

【き】

【く】

【け】

【こ】

【さ】

【し】

【す】

【せ】

【は】

【ひ】

【ふ】

【へ】

【ほ】

【ま】

【み】

【む】

【め】

著者紹介

レイ・ヒルボーン

ワシントン大学教授．1947年生まれ．カナダ環境漁業省経済アナリスト，ブリティッシュコロンビア大学助教，太平洋共同体事務局上席研究員を経て，1987年より現職．海洋生態学者，漁業資源学者．世界を代表する海洋生態系の先駆的研究者三人のうちの一人として2006年にボルボ環境賞（The Volvo Environment Prize Foundation Award）を，カール・ウォルターズ，ダニエル・ポーリーとともに受賞．著書に，The Ecological Detective: Confronting Models With Data（R. Hilborn and M.M. Mangel, 1997年），Quantitative Fisheries Stock Assessment: Choice, Dynamics and Uncertainty（R. Hilborn and C.J. Walters, 1992, 2003年）など．

ウルライク・ヒルボーン

レイ・ヒルボーン夫人．本書の編集を担当．

訳者略歴

市野川桃子（いちのかわ ももこ）

水産総合研究センター（水研センター）中央水産研究所資源管理グループ主任研究員．1976年生まれ．2004年東京大学大学院総合文化研究科博士課程単位取得退学．2006年同研究科博士号取得．2004年より水研センター遠洋水産研究所（現 国際水産資源研究所）にて，マグロ・カジキ類の資源評価や管理に関する研究をおこなう．2012年4月より現在の職場に異動．現在は，おもに日本の水産資源（サバ・イワシ類）の評価・管理に関する研究をおこなう．

岡村 寛（おかむら ひろし）

水研センター中央水産研究所資源管理グループ長．1970年生まれ．2003年東京大学農学部博士号取得．1995年より遠洋水産研究所にて，海産哺乳類の資源評価や管理に関する研究をおこなう．国際捕鯨委員会（IWC）に参加して，統計的手法を駆使した鯨類の個体数推定法を開発する．2012年4月より現在の職場に異動．現在は，日本の水産資源や生態系の評価・管理に関する研究をおこなう．訳書に，「鯨類資源の評価と管理」（鯨研叢書，監訳），「ベイズ統計分析ハンドブック」（朝倉書店，分担執筆）．

装丁　中野 達彦

乱獲（らんかく）−漁業資源（ぎょぎょうしげん）の今（いま）とこれから

2015年12月5日　第1版第1刷発行

訳　者　市野川桃子・岡村　寛
発行者　橋本敏明
発行所　東海大学出版部
〒259-1292 神奈川県平塚市北金目4-1-1
TEL 0463-58-7811 / FAX 0463-58-7833
URL http://www.press.tokai.ac.jp/
振替　00100-5-46614

組　版　新井千鶴
印刷所　株式会社真興社
製本所　誠製本株式会社

ISBN978-4-486-02080-6